すみっコぐらし™

小学1・2年の けいさん

総復習[illegible]ル

しろくま

北からにげてきた、さむがりで
ひとみしりのくま。あったかい
お茶をすみっこでのんでいる
ときがおちつく。

ぺんぎん？

じぶんはぺんぎん？
じしんがない。
むかしはあたまにお皿が
あったような…。

とんかつ

とんかつのはじっこ。
おにく1％、しぼう99％。
あぶらっぽいから
のこされちゃった…。

ねこ

はずかしがりやのねこ。
気が弱く、よくすみっこを
ゆずってしまう。

とかげ

じつは、きょうりゅうの
生きのこり。
つかまっちゃうので
とかげのふりをしている。

この　ドリルの　つかい方

1 ドリルを　した
日にちを　書きましょう。

2 答えは　ていねいに
書きましょう。

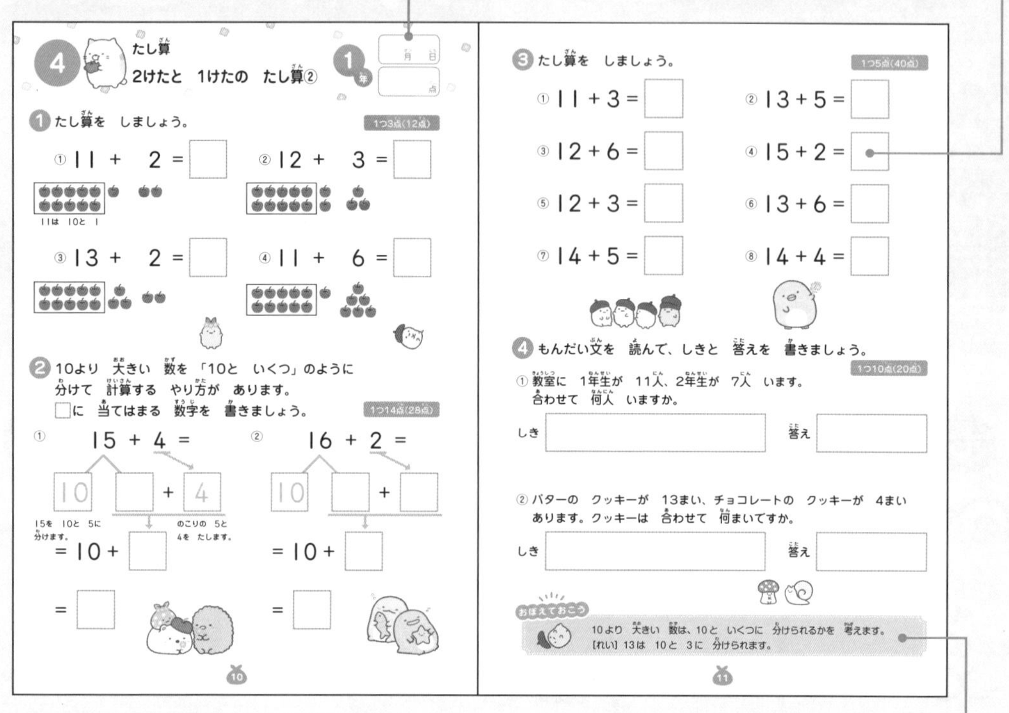

4 たし算
2けたと　1けたの　たし算②

1年　月　日　点

1 たし算を　しましょう。　1つ3点(12点)

① 11 ＋ 2 ＝ □
11は 10と 1

② 12 ＋ 3 ＝ □

③ 13 ＋ 2 ＝ □

④ 11 ＋ 6 ＝ □

2 10より　大きい　数を「10と　いくつ」のように
分けて　計算する　やり方が　あります。
□に　当てはまる　数字を　書きましょう。　1つ14点(28点)

① 15 ＋ 4 ＝
10　□ ＋ 4
15を 10と 5に 分けます。
のこりの 5と 4を たします。
＝ 10 ＋ □
＝ □

② 16 ＋ 2 ＝
10　□ ＋ □
＝ 10 ＋ □
＝ □

10

3 たし算を　しましょう。　1つ5点(40点)

① 11 ＋ 3 ＝ □　② 13 ＋ 5 ＝ □
③ 12 ＋ 6 ＝ □　④ 15 ＋ 2 ＝ □
⑤ 12 ＋ 3 ＝ □　⑥ 13 ＋ 6 ＝ □
⑦ 14 ＋ 5 ＝ □　⑧ 14 ＋ 4 ＝ □

4 もんだい文を　読んで、しきと　答えを　書きましょう。　1つ10点(20点)

① 教室に　1年生が　11人、2年生が　7人　います。
合わせて　何人　いますか。
しき　□　答え　□

② バターの　クッキーが　13まい、チョコレートの　クッキーが　4まい
あります。クッキーは　合わせて　何まいですか。
しき　□　答え　□

おぼえておこう
10より　大きい　数は、10と　いくつに　分けられるかを　考えます。
[れい] 13は　10と　3に　分けられます。

11

4 おわったら　おうちの　方に
答え合わせを　して　もらい、
点数を　つけて　もらいましょう。

3 計算の　大切な　きまりを
まとめた　せつ明を
よく　読みましょう。

※問題に出てくる場面設定は、ドリル用に作成したものです。すみっコぐらしのキャラクター設定とは関係ありません。

おうちの方へ

- このドリルでは、1・2年生で学習する算数のうち、計算を中心に学習できます。
- 学習指導要領に対応しています。
- 答えは 74 ～ 79 ページにあります。
- 1回分の問題を解き終えたら、答え合わせをしてあげてください。
- まちがえた問題は、しっかり復習させてください。
- 「すみっコぐらし学習ドリルシリーズ」とあわせて確認すると、より定着します。

もくじ

1 たし算(ざん)

いくつと　いくつ

1 つぎの　数(かず)を　2つの　数(かず)に　分(わ)けると、いくつと　いくつに　なりますか。□に　当(あ)てはまる　数字(すうじ)を　書(か)きましょう。

1つ5点(てん)(30点(てん))

① 3 … 1 と □

② 4 … 2 と □

③ 5 … 3 と □

④ 6 … 3 と □

⑤ 7 … 5 と □

⑥ 8 … 4 と □

2 もんだい文(ぶん)を　読(よ)んで　答(こた)えましょう。

1つ5点(てん)(10点(てん))

① あめが　8こ　あります。あと　いくつで　10こに　なりますか。

□ こ

② みかんが　4こ　あります。あと　いくつで　7こに　なりますか。

3 つぎの　数を　2つの　数に　分けると、いくつと　いくつに　なりますか。□に　当てはまる　数字を　書きましょう。

1つ15点(30点)

①

		5		
	3		□	
1	□		1	□

②

		9		
	4		□	
1	□		3	□

4 合わせて　10に　なる　カードを　下から　すべて　えらんで　○で　かこみましょう。

1つ6点(30点)

5と5　8と1　3と6

1と9　3と5

4と2　2と8　3と5

7と3　6と4

数字を　分ける　考え方は、この先の　計算でも　よく　出て　きます。
はじめは　絵を　かいて　みたり、手を　つかったり　して、
考えて　みましょう。

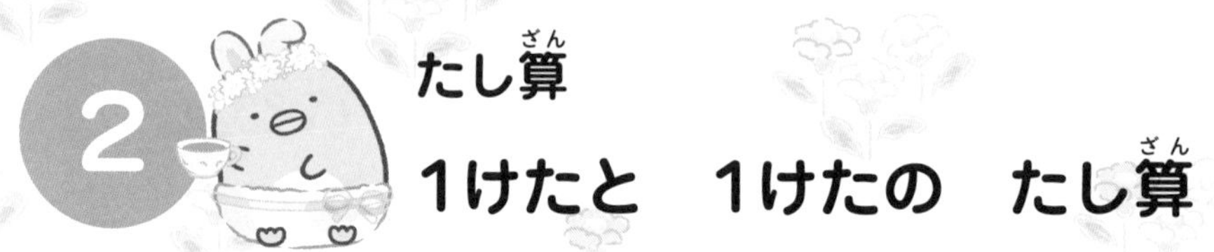

2 たし算
1けたと　1けたの　たし算

1年

月　日
点

1 たし算を　しましょう。　1つ3点(18点)

① $1+6=$ □　② $4+4=$ □

③ $2+4=$ □　④ $2+5=$ □

⑤ $5+4=$ □　⑥ $6+2=$ □

2 もんだい文を　読んで、しきと　答えを　書きましょう。　1つ10点(20点)

① ねこは　いちごの　クッキーを　3まいと
バナナの　クッキーを　3まい　もって　います。
ねこが　もって　いる　クッキーは　合わせて　何まいですか。

しき □　答え □

② 校ていで　1年生が　5人、2年生が　4人　あそんで　います。
校ていで　あそんで　いるのは　合わせて　何人ですか。

しき □　答え □

3 答えが　10に　なる　たし算を　4つ　かんがえましょう。

1つ5点(20点)

＋　＝10	＋　＝10
＋　＝10	＋　＝10

4 となり　どうしの　数を　たして、
答えを　上の　□に　書きましょう。

1つ7点(42点)

①

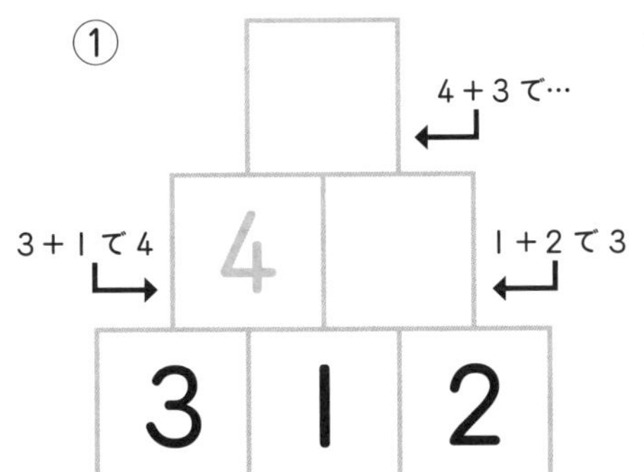

②

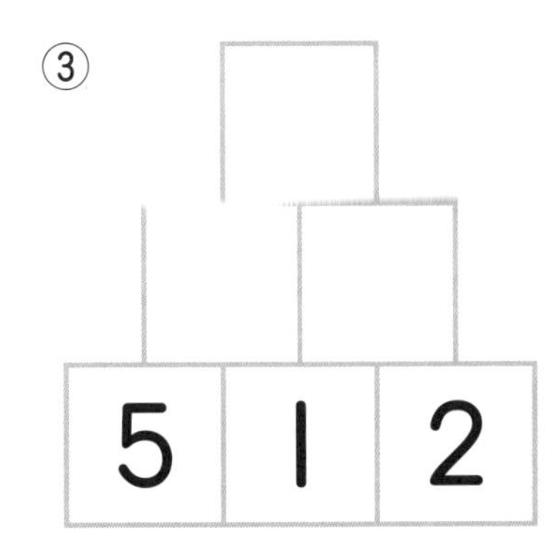

③

5 1 2

④

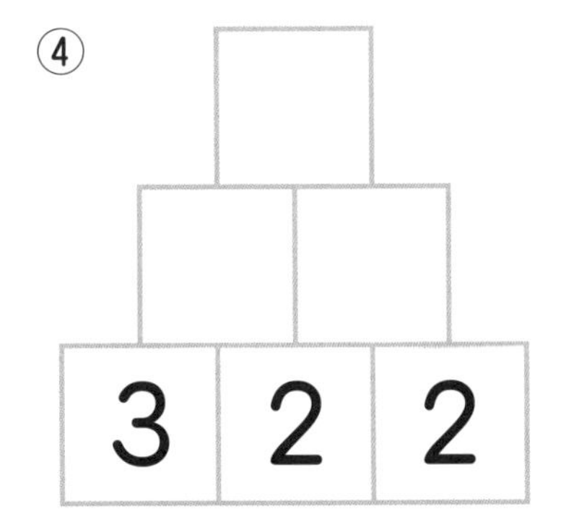

⑤

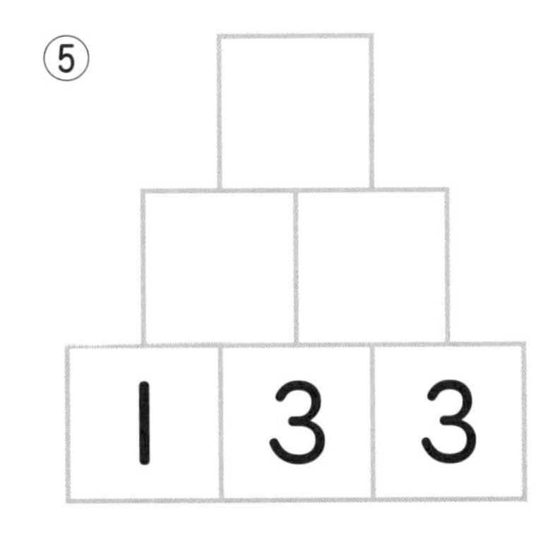

⑥

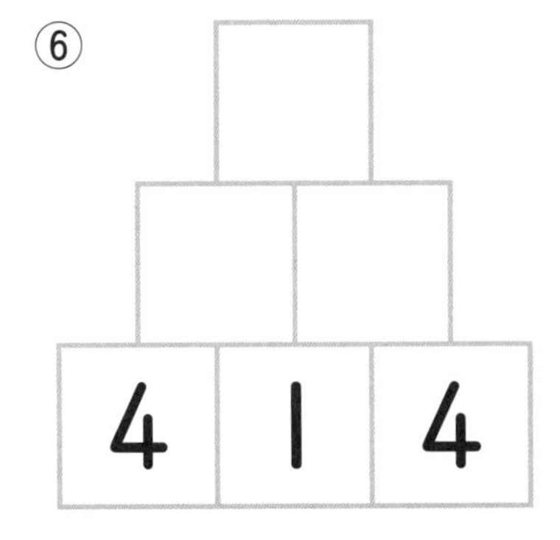

たし算

2けたと　1けたの　たし算①

1 たし算を　しましょう。　1つ3点(12点)

① 10 ＋ 1 ＝ □

② 10 ＋ 2 ＝ □

③ 10 ＋ 5 ＝ □

④ 10 ＋ 4 ＝ □

2 たし算を　しましょう。　1つ5点(40点)

① 10＋3＝□

② 10＋2＝□

③ 10＋7＝□

④ 10＋5＝□

⑤ 10＋6＝□

⑥ 10＋0＝□

⑦ 10＋8＝□

⑧ 10＋9＝□

③ もんだい文を　読んで、しきと　答えを　書きましょう。

1つ10点（30点）

① 青い　おり紙が　10まい、黄色い　おり紙が　2まい　あります。
おり紙は　合わせて　何まいですか。

しき　　　　答え

② ぺんぎん？は　きゅうりを　お昼ごはんに　10本、夜ごはんに　5本
食べました。合わせて　何本　食べましたか。

しき　　　　答え

③ 公園で　10人　あそんで　いました。そこへ　8人　きました。
公園で　あそんで　いるのは　合わせて　何人ですか。

しき　　　　答え

④ つぎの　数を　「10＋いくつ」に　なるように
□に　当てはまる　数字を　書きましょう。

1つ6点（18点）

① 16 ➡ 10＋□＝16

② 12 ➡ 10＋□＝12

③ 19 ➡ 10＋□＝19

たし算
2けたと　1けたの　たし算②

1 たし算を　しましょう。　1つ3点(12点)

① 11 ＋ 2 ＝ □

11は　10と　1

② 12 ＋ 3 ＝ □

③ 13 ＋ 2 ＝ □

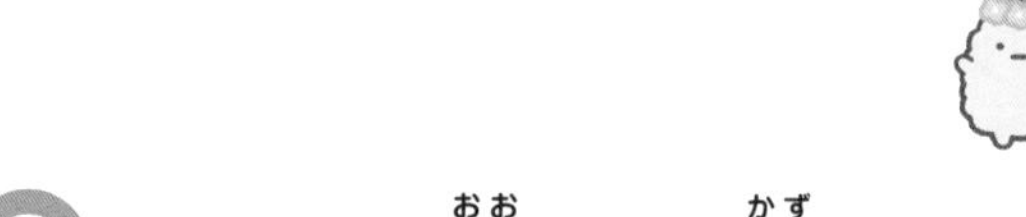

④ 11 ＋ 6 ＝ □

2 10より　大きい　数を　「10と　いくつ」のように
分けて　計算する　やり方が　あります。
□に　当てはまる　数字を　書きましょう。　1つ14点(28点)

① 15 ＋ 4 ＝

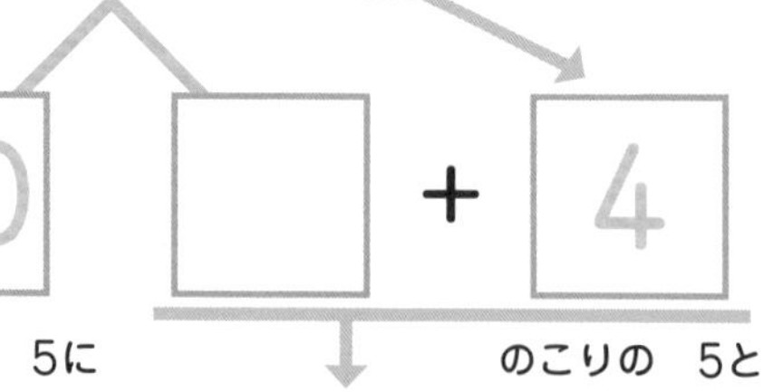

15を　10と　5に
分けます。

のこりの　5と
4を　たします。

＝ 10 ＋ □

＝ □

② 16 ＋ 2 ＝

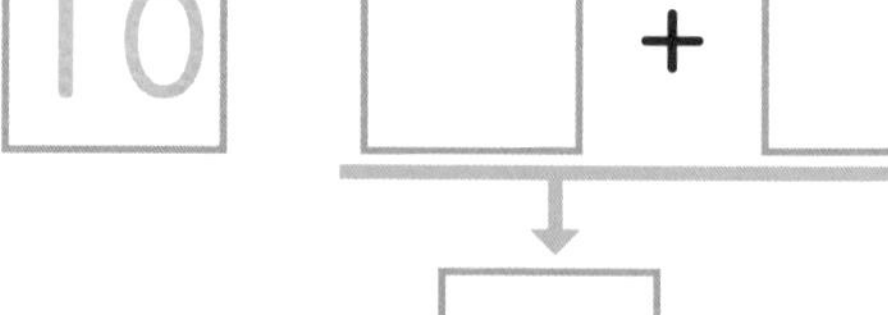

＝ 10 ＋ □

＝ □

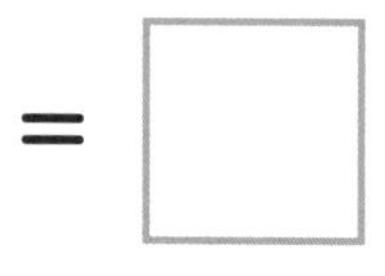

❸ たし算を　しましょう。

1つ5点(40点)

① $11 + 3 =$ □　　② $13 + 5 =$ □

③ $12 + 6 =$ □　　④ $15 + 2 =$ □

⑤ $12 + 3 =$ □　　⑥ $13 + 6 =$ □

⑦ $14 + 5 =$ □　　⑧ $14 + 4 =$ □

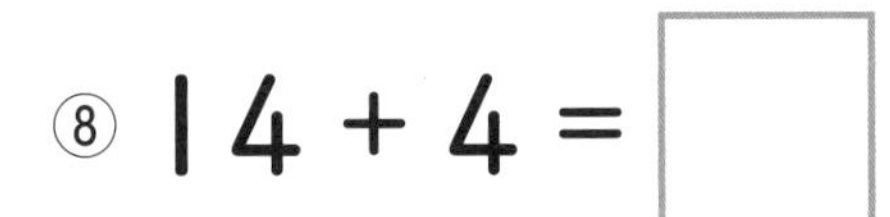

❹ もんだい文を　読んで、しきと　答えを　書きましょう。

1つ10点(20点)

① 教室に　1年生が　11人、2年生が　7人　います。
合わせて　何人　いますか。

しき □　　答え □

② バターの　クッキーが　13まい、チョコレートの　クッキーが　4まい
あります。クッキーは　合わせて　何まいですか。

しき □　　答え □

おぼえておこう

10より　大きい　数は、10と　いくつに　分けられるかを　考えます。
[れい] 13は　10と　3に　分けられます。

5 たし算（ざん）
3つの　数（かず）の　たし算（ざん）

1 たし算を　しましょう。

1つ5点（15点）

① 1 ＋ 3 ＋ 2 ＝ □

② 2 ＋ 2 ＋ 4 ＝ □

③ 3 ＋ 1 ＋ 5 ＝ □

2 たし算を　しましょう。

1つ5点（15点）

① 2 ＋ 2 ＋ 2 ＝ □ ＋ 2 ＝ □

2と2を　たす

② 5 ＋ 1 ＋ 4 ＝ □ ＋ 4 ＝ □

③ 8 ＋ 2 ＋ 2 ＝ □ ＋ 2 ＝ □

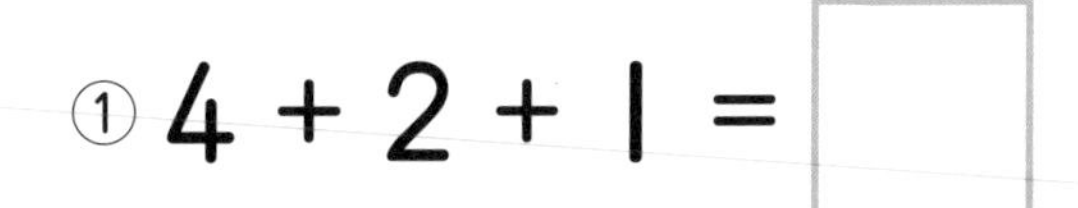

③ たし算を　しましょう。

1つ8点(40点)

① $4+2+1=$ □

② $3+2+3=$ □

③ $5+1+2=$ □

④ $2+2+6=$ □

⑤ $5+0+3=$ □

④ もんだい文を　読んで、しきと　答えを　書きましょう。

1つ15点(30点)

① いちごの　グミが　2こ、オレンジの　グミが　5こ、レモンの　グミが　3こ　あります。グミは　合わせて　何こですか。

しき □　　答え □

② しろくまと　ねこと　とかげは　3まいずつ　クッキーを　食べました。合わせて　何まい　食べましたか。たし算で　答えましょう。

しき □　　答え □

おぼえておこう

3つの　数の　たし算は、$1+1+2=2+2=4$のように
左の　数から　じゅんばんに　計算して　いきます。

6 たし算(ざん)
くり上(あ)がりの　ある　たし算(ざん)

1 たし算(ざん)を　しましょう。　1つ3点(てん)(12点(てん))

① 9 ＋ 3 ＝ □

9は　あと　1で　10に　なるので、
3を　1と　2に　分(わ)けて　1を　あげます。

② 8 ＋ 4 ＝ □

③ 9 ＋ 5 ＝ □

④ 6 ＋ 5 ＝ □

2 □の　中(なか)を　10に　なるように
数(かず)を　分(わ)けて　計算(けいさん)する　やり方(かた)が　あります。
□に　当(あ)てはまる　数字(すうじ)を　書(か)きましょう。　1つ14点(てん)(28点(てん))

① 9 ＋ 4

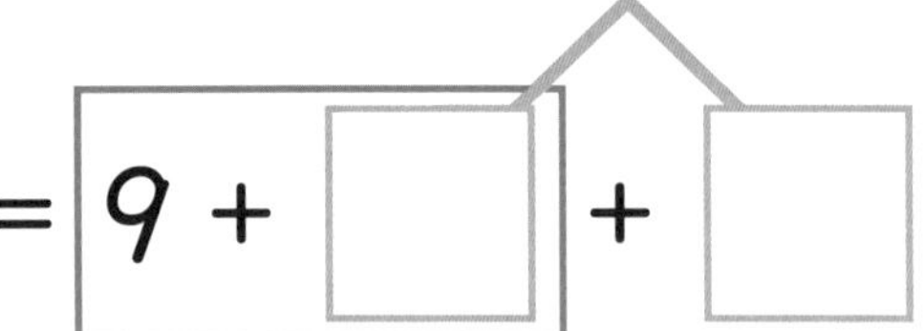

＝ 9 ＋ □ ＋ □

9は　あと　1で　10に　なるので、
4を　1と　3に　分(わ)けて　1を　あげます。

＝ 10 ＋ □

10と　のこりの　3を　たします。

＝ □

② 7 ＋ 5

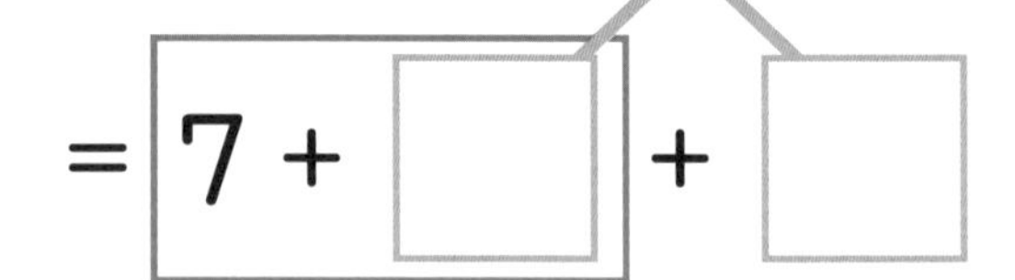

＝ 7 ＋ □ ＋ □

＝ 10 ＋ □

＝ □

3 たし算を　しましょう。

1つ5点(40点)

① $9+6=$ □　② $8+5=$ □

③ $9+8=$ □　④ $7+7=$ □

⑤ $8+6=$ □　⑥ $6+7=$ □

⑦ $4+7=$ □　⑧ $5+9=$ □

4 もんだい文を　読んで、しきと　答えを　書きましょう。

1つ10点(20点)

① おり紙を　8まい　もって　います。お友だちから　4まい　もらいました。おり紙は　ぜんぶで　何まいに　なりましたか。

しき □　答え □

② クリームパンが　7こ、メロンパンが　9こ　あります。パンは　合わせて　何こですか。

しき □　答え □

おぼえておこう

くり上がりの　ある　たし算は、10と　いくつに　なるかを　考えます。
[れい] $9+2=11$
①9は　あと　1で　10。
②2を　1と　1に　分け、9に　1を　たして　10。
③10と　のこった　1を　たして　11。

7 たし算(ざん) 大きな(おお) 数(かず)の たし算(ざん)

1年(ねん)

月(がつ) 日(にち)

点(てん)

1 □に 当(あ)てはまる 数字(すうじ)を 書(か)きましょう。 1つ5点(10点)

① 50に 5を たした 数(かず)は □ です。

しき 50 + □ = □

② 10に 20を たした 数(かず)は □ です。

しき 10 + □ = □

2 たし算(ざん)を しましょう。 1つ5点(40点)

① 30 + 3 = □

② 60 + 7 = □

③ 9 + 40 = □

④ 7 + 80 = □

⑤ 10 + 10 = □

⑥ 30 + 40 = □

⑦ 20 + 60 = □

⑧ 50 + 20 = □

3 たし算を　しましょう。

1つ5点(20点)

① $22 + 3 =$ □

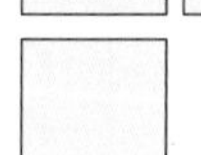

② $31 + 5 =$ □

③ $4 + 21 =$ □

④ $6 + 33 =$ □

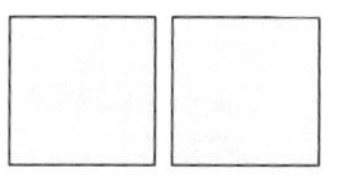

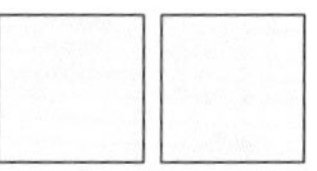

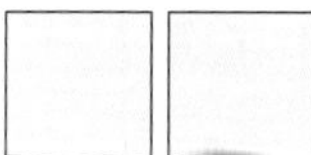

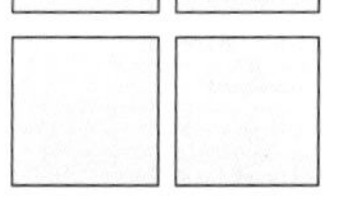

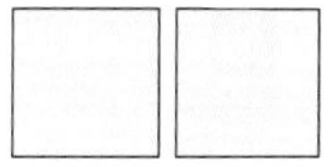

4 たし算を　しましょう。

1つ5点(30点)

① $25 + 1 =$ □　　② $33 + 2 =$ □

③ $51 + 7 =$ □　　④ $46 + 3 =$ □

⑤ $5 + 42 =$ □　　⑥ $6 + 92 =$ □

おぼえておこう

大きな　数の　計算は　同じ　くらい　どうしで
計算すると　ときやすく　なります。

［れい］ 24 + 2 = 26

24を　20と　4に　分け、一のくらいの　4と　2を
たすと　6。のこった　20と　6を　たすと　26に　なります。

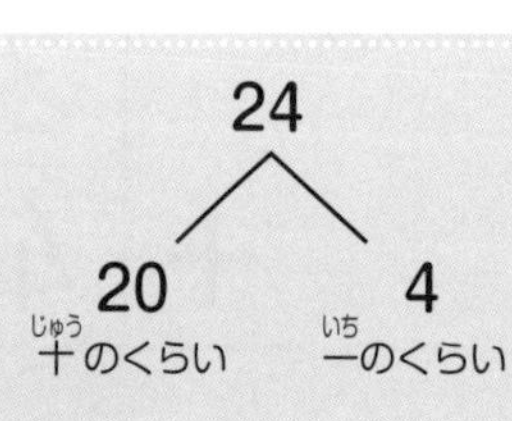

8 たし算 ひっ算①

1 たし算を　しましょう。

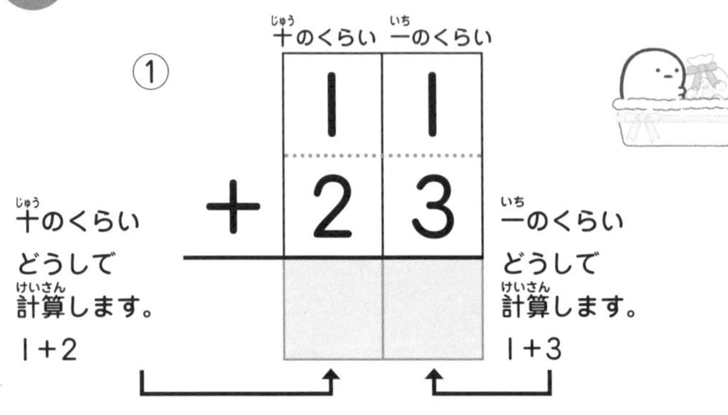

① $11 + 23$

② $24 + 34$

③ $52 + 26$

④ $63 + 26$

⑤ $25 + 62$

⑥ $45 + 51$

⑦ $36 + 43$

⑧ $57 + 32$

② つぎの　たし算を　ひっ算で　計算しましょう。

1つ7点(28点)

① 33 + 14

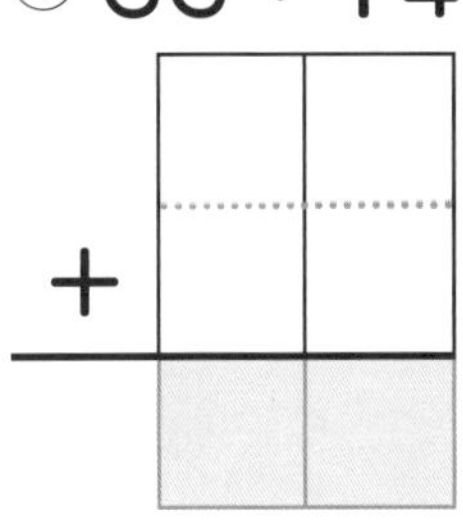

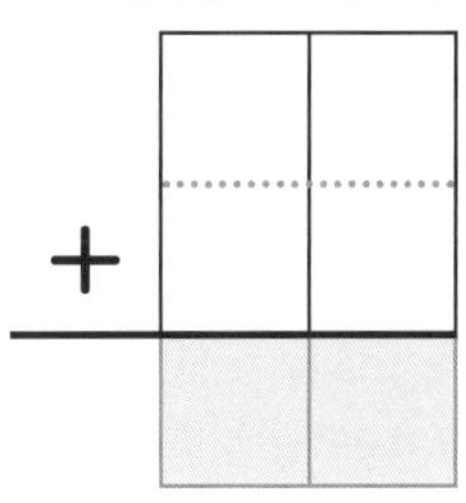

③ 23 + 44

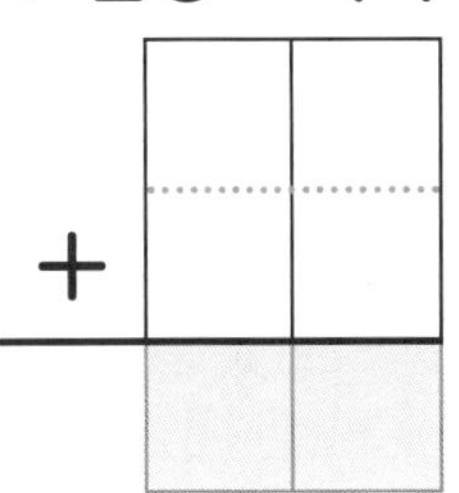

④ 62 + 34

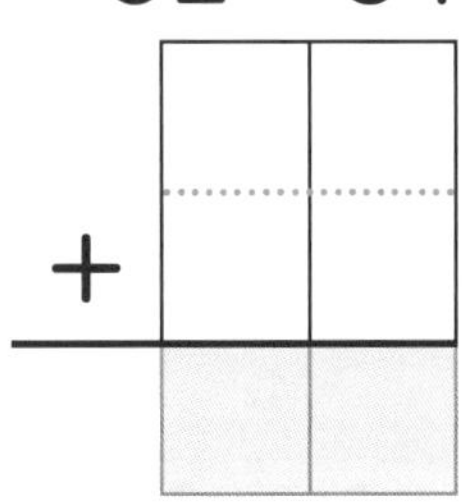

③ しろくまは　55円の　ドーナツと、32円の　あめを　買いました。合わせて　いくらに　なりますか。ひっ算で　計算して、しきと　答えを　書きましょう。

16点

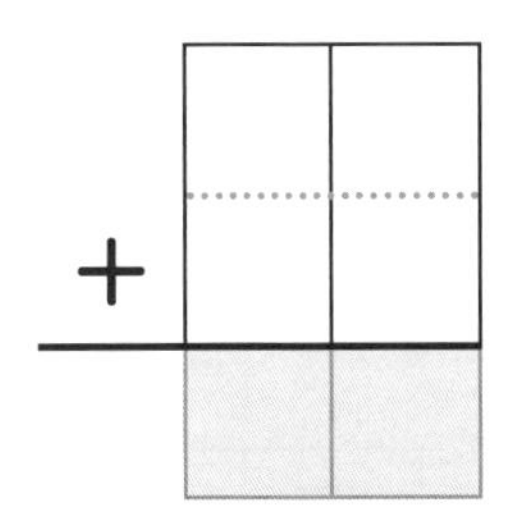

しき

答え

おぼえておこう

2けたの　数の　たし算は、同じ　くらいごとに　計算します。
ひっ算する　ときは　同じ　くらいを　たてに　そろえて　書きましょう。

9 たし算 ひっ算②

2年　　月　　日　　点

1 たし算を　しましょう。
□に　くり上がる　数を　書いて　計算しましょう。

1つ8点(48点)

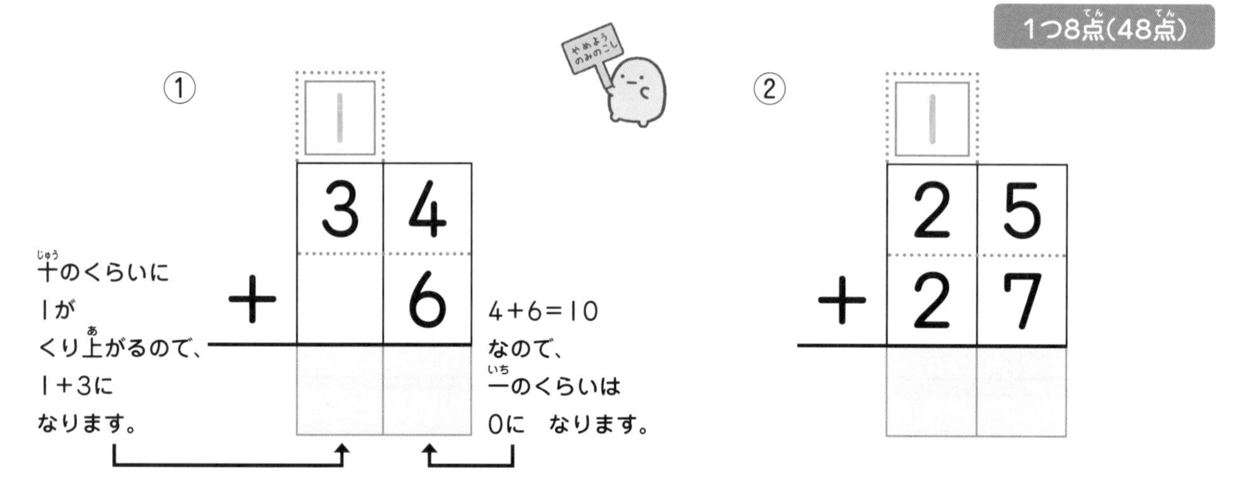

①

	□(1)	
	3	4
+		6

十のくらいに　1が　くり上がるので、1＋3に　なります。

4＋6＝10　なので、一のくらいは　0に　なります。

②

	□(1)	
	2	5
+	2	7

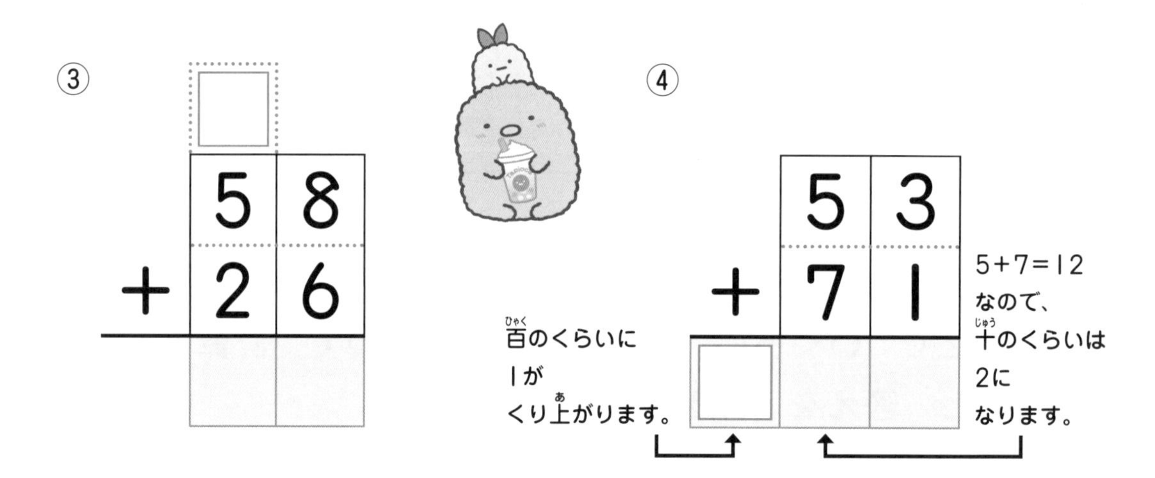

③

	□	
	5	8
+	2	6

④

	5	3
+	7	1
□		

5＋7＝12　なので、十のくらいは　2に　なります。

百のくらいに　1が　くり上がります。

⑤

	8	5
+	6	2
□		

⑥

	9	1
+	7	7
□		

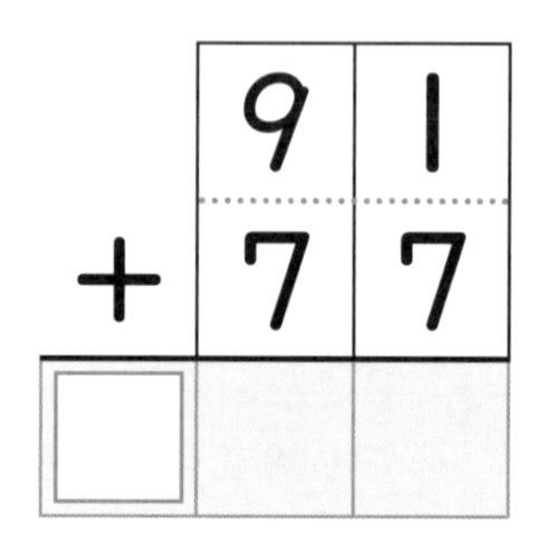

2 つぎの　たし算を　ひっ算で　計算しましょう。

1つ8点(32点)

① 36+25

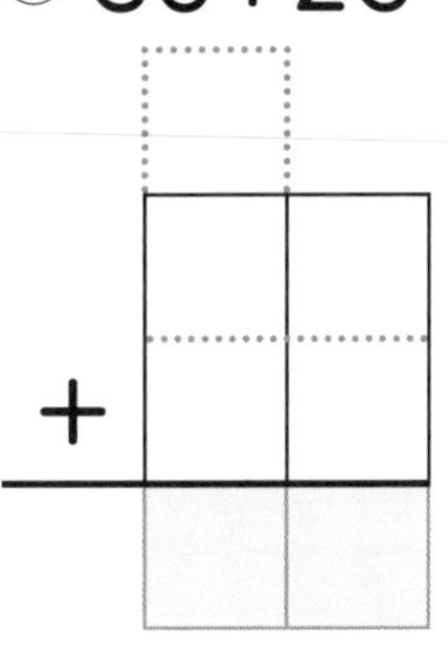

② 58 + 37

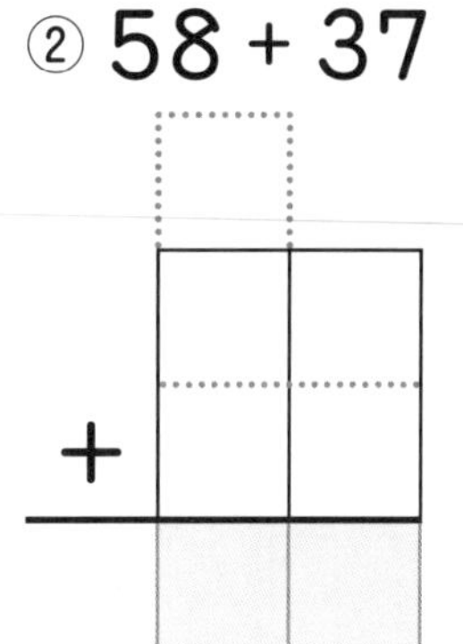

③ 63 + 84

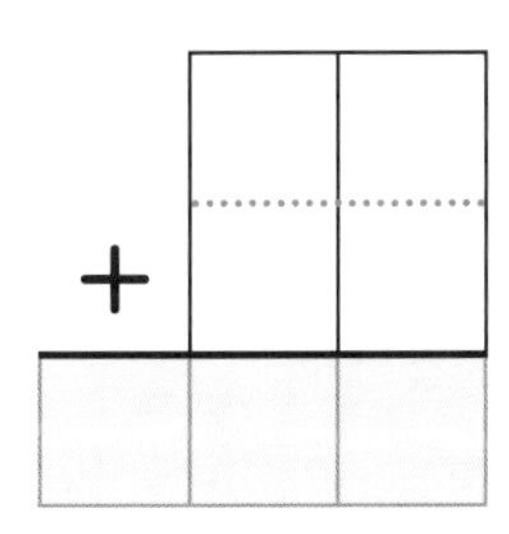

④ 72 + 65

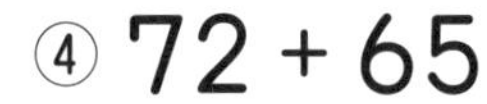

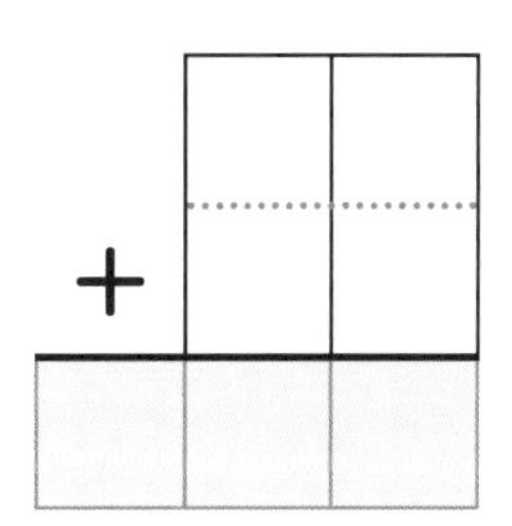

3 とかげは　85円の　グミと、92円の　わたあめを　買いました。

合わせて　いくらに　なりますか。
ひっ算で　計算して、しきと　答えを　書きましょう。

20点

＋

しき

答え

おぼえておこう

一のくらいから　先に　計算して、くり上がった　数を　十のくらいの　上に書くと　くり上がった　1を　たしわすれずに　すみます。くり上がった数は　一のくらいと　十のくらいの　間に　小さく　書く　ことも　あります。

10 たし算 ひっ算③

1 たし算を しましょう。
□に くり上がる 数を 書いて 計算しましょう。

1つ8点(48点)

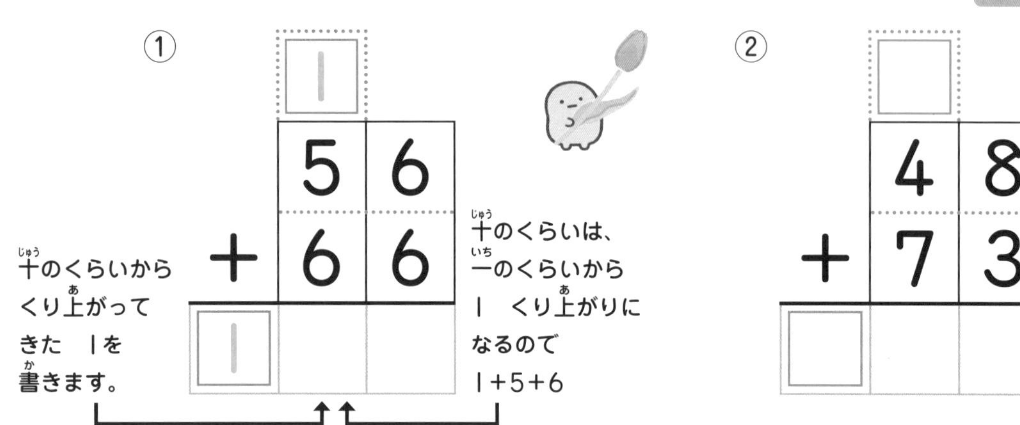

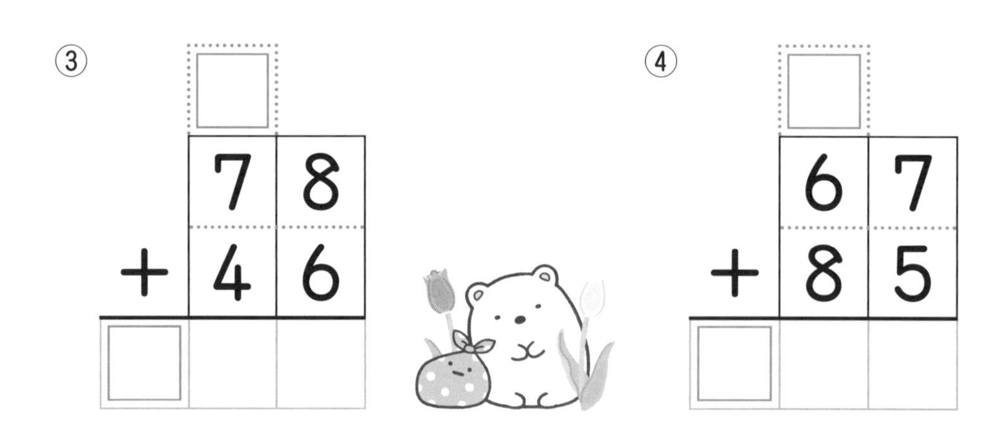

❷ つぎの　たし算を　ひっ算で　計算しましょう。

1つ8点(32点)

① 55 + 87

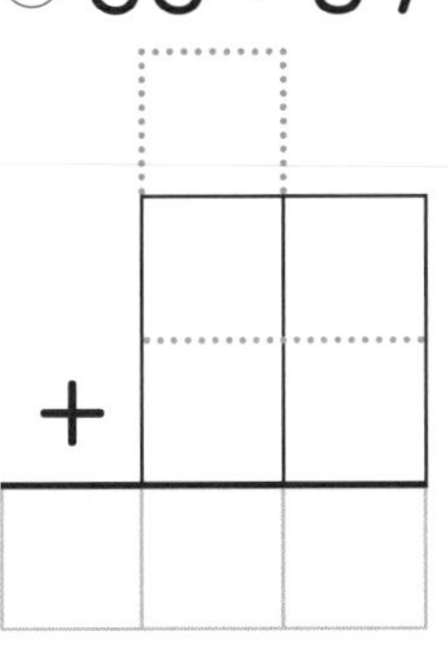

② 23 + 98

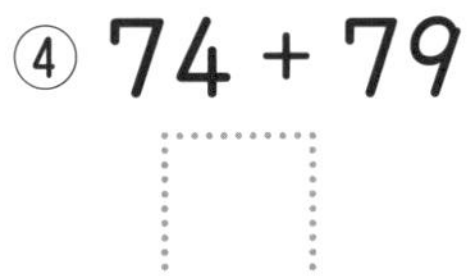

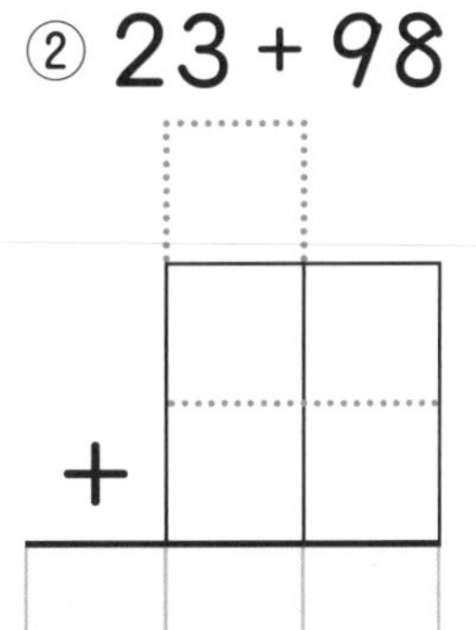

③ 46 + 79

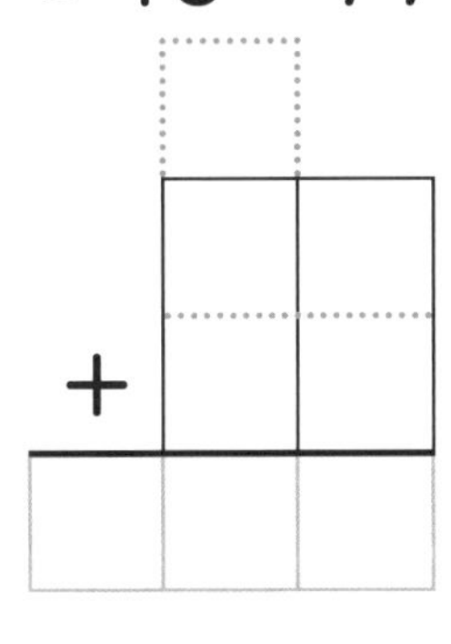

④ 74 + 79

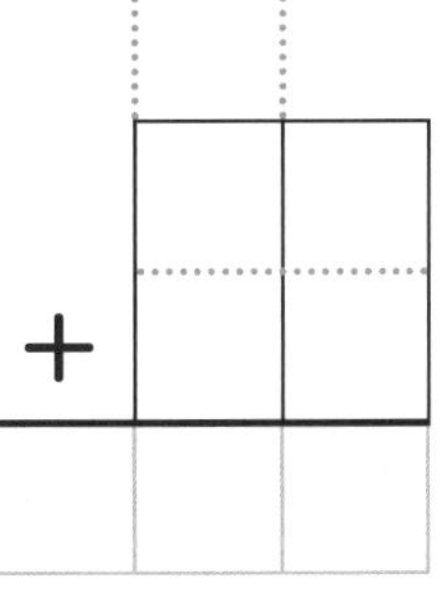

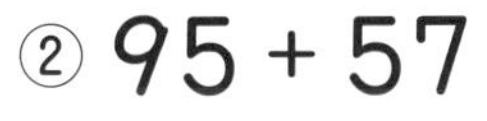

❸ つぎの　たし算を　ひっ算で　計算しましょう。

1つ10点(20点)

① 36 + 86

② 95 + 57

1 もんだい文を　読んで　ひっ算で　計算して、しきと　答えを　書きましょう。

1つ16点(48点)

① ねこは　95円の　パンと　98円の　ソースを　買いました。合わせて　いくらに　なりますか。

② 1年生が　74人、2年生が　67人　います。合わせて　何人　いますか。

③ ぺんぎん？は　78円の　きゅうりと、98円の　トマトを　買いました。合わせて　いくらに　なりますか。

② イラストを　見て　①～③の　もんだいに　答えましょう。ひっ算で　計算して、しきと　答えを　書きましょう。

ジュース	チョコレート	ラムネ	せんべい	ドーナツ	水あめ
80円	58円	72円	88円	95円	42円

① とんかつは　80円の　ジュースと　72円の　ラムネを　買いました。合わせて　いくらに　なりますか。

16点

＋

しき

答え

② とかげは　88円の　せんべいと　95円の　ドーナツを　買いました。合わせて　いくらに　なりますか。

16点

＋

しき

答え

③ ねこは　100円しか　もって　いません。何と　何が　買えますか。

20点

＋

しき

答え　　　　と　　　　が　買える。

12 たし算 （　）の ある たし算

2年　月　日　点

1 たし算を しましょう。

1つ2点(4点)

① $10 + (5 + 5) =$ □

先に5＋5を 計算します。

② $4 + (2 + 8) =$ □

2 □に 当てはまる 数字を 書きましょう。

1つ4点(16点)

① $7 + (5 + 5) = 7 +$ □ $=$ □

② $6 + (2 + 8) = 6 +$ □ $=$ □

③ $(7 + 3) + 9 =$ □ $+ 9 =$ □

④ $(15 + 5) + 2 =$ □ $+ 2 =$ □

3 数字(すうじ)を　よく　見(み)て、(　　)を　つかって　くふうして　計算(けいさん)しましょう。

1つ10点(てん)(40点(てん))

① $8+14+6=$

14+6で　20に　なります。

② $27+3+5=$

③ $5+42+8=$

④ $51+9+2=$

4 もんだい文(ぶん)を　読(よ)んで　答(こた)えましょう。
(　　)を　つかって　計算(けいさん)して、しきと　答(こた)えを　書(か)きましょう。

1つ20点(てん)(40点(てん))

① 校(こう)ていで　1年生(ねんせい)が　15人(にん)　あそんで　います。そこへ、1年生(ねんせい)が　5人(にん)、2年生(ねんせい)が　7人(にん)　来(き)ました。合(あ)わせて　何人(なんにん)に　なりますか。

しき　　　　　答(こた)え

② しろくまは、40円(えん)の　ラムネと、60円(えん)の　グミを　買(か)いました。あめを　買(か)いわすれたので、お店(みせ)に　もどって　55円(えん)の　あめを　買(か)いました。合(あ)わせて　いくらに　なりますか。

しき　　　　　答(こた)え

おぼえておこう

(　　)の　中(なか)は　ひとまとまりの　数(かず)を　しめして　いるので、
(　　)の　中(なか)を　先(さき)に　計算(けいさん)すると　やりやすく　なります。
ただし、たし算(ざん)では、たす　じゅんばんを　かえても、答(こた)えは　同(おな)じです。

13 ひき算 1けた ひく 1けたの ひき算

1年　月　日　点

1 ひき算を　しましょう。

1つ3点(18点)

① 5 − 4 = □　　② 6 − 3 = □

③ 8 − 4 = □　　④ 7 − 5 = □

⑤ 9 − 6 = □　　⑥ 8 − 7 = □

2 もんだい文を　読んで、しきと　答えを　書きましょう。

1つ15点(30点)

① ねこは　クッキーを　7まい　もって　います。
そこから　4まい　食べました。のこりは　何まいに　なりますか。

しき □　　答え □

② 1年生が　6人　います。2年生が　9人　います。
どちらが　何人　多いですか。

しき □

答え □ が □ 人　多い。

3 つぎの　しきに　なる　もんだい文を　つくり、
その　答えも　書きましょう。

1つ20点(40点)

① しきが「5－4」に　なる　もんだい文と　その　答え

答え

② しきが「9－6」に　なる　もんだい文と　その　答え

答え

4 □の　中から　数字を　えらんで、答えが　2に　なる
ひき算の　しきを　3つ　かんがえましょう。
同じ　数字は　1どしか　つかえません。

1つ4点(12点)

1 2 3 4 5 6 7 8 9

□－□＝2	□－□＝2	□－□＝2

14 ひき算 2けた ひく 1けたの ひき算

月　日

点

❶ 10より 大きい 数を 「10と いくつ」のように 分けて 計算して、□に 当てはまる 数字を 書きましょう。

1つ5点(10点)

① 18－2＝□

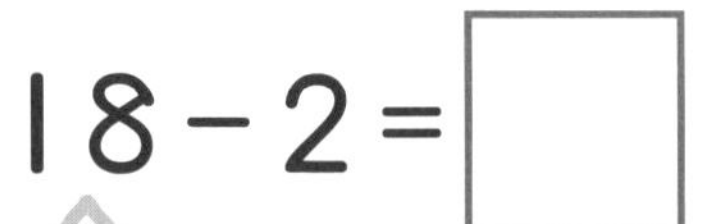

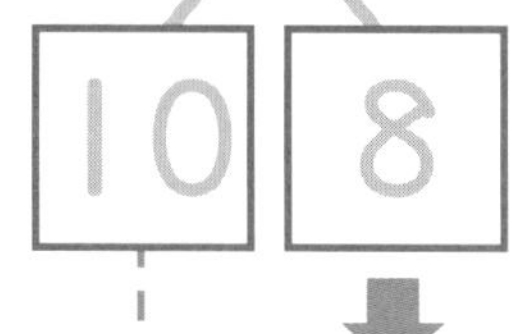

10　8　18を 10と 8に 分けます。

8－2＝6

8から 2を ひきます。

10＋6＝□

10と 6を たします。

② 19－6＝□

□　□

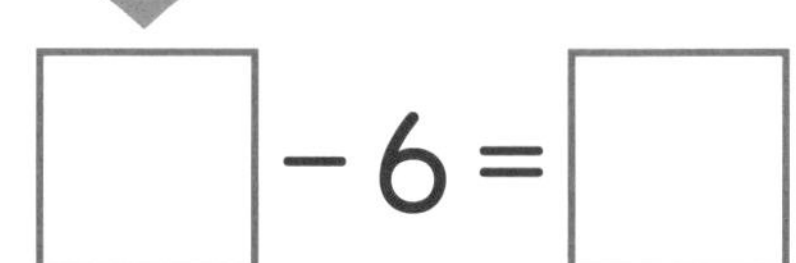

□－6＝□

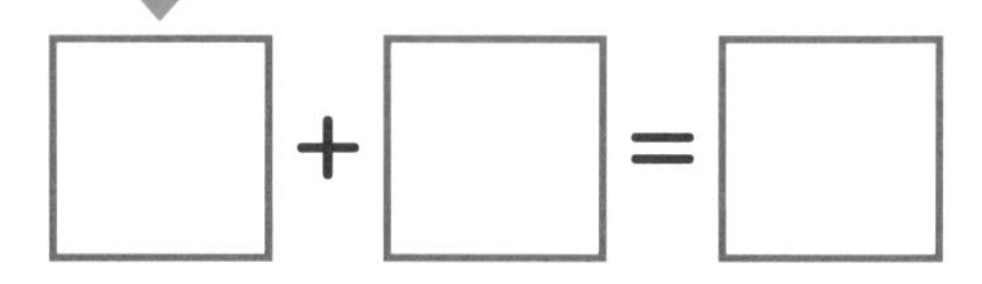

□＋□＝□

❷ ひき算を しましょう。

1つ5点(30点)

① 15－5＝□　② 19－7＝□

③ 28－4＝□　④ 59－3＝□

⑤ 67－5＝□　⑥ 98－7＝□

3 もんだい文を　読んで、しきと　答えを　書きましょう。

1つ15点(30点)

① ドーナツが　16こ　あります。ねこが　5こ　食べました。
のこりは　何こですか。

しき □　　答え □

② 1年生が　8人、2年生が　29人　います。どちらが　何人　多いですか。

しき □

答え □ が □ 人　多い。

4 □に　当てはまる　数字を　書きましょう。

1つ5点(30点)

① $16 - \square = 13$　　② $28 - \square = 21$

③ $37 - \square = 32$　　④ $\square - 7 = 32$

⑤ $\square - 6 = 62$　　⑥ $\square - 3 = 96$

おぼえておこう

18 − □ = 10 のように、□を　つかった　計算は、18 から　10 を　ひくと
□の　中が　8だと　分かります。
□ − 5 = 25 の　ときは、25 に　5 を　たすと
□の　中が　30だと　分かります。

ひき算
3つの　数の　ひき算

1 ひき算を　しましょう。　1つ5点(25点)

① 6 − 4 − 1 = □

6から　4を　ひいて、そこから　1を　ひきます。

② 8 − 3 − 2 = □

③ 9 − 2 − 2 = □

④ 8 − 1 − 3 = □

⑤ 7 − 1 − 4 = □

2 □に　当てはまる　数字を　書きましょう。　1つ5点(20点)

① 13 − 3 − 2 = □ − 2 = □

13から　3を　ひきます。

② 15 − 5 − 5 = □ − 5 = □

③ 18 − 8 − 7 = 10 − □ = □

④ 19 − 9 − 4 = 10 − □ = □

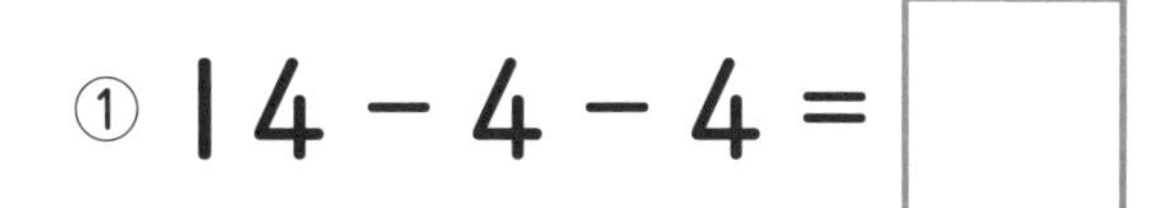

③ ひき算を　しましょう。

1つ5点(25点)

① $14-4-4=$ □

② $13-3-9=$ □

③ $16-6-2=$ □

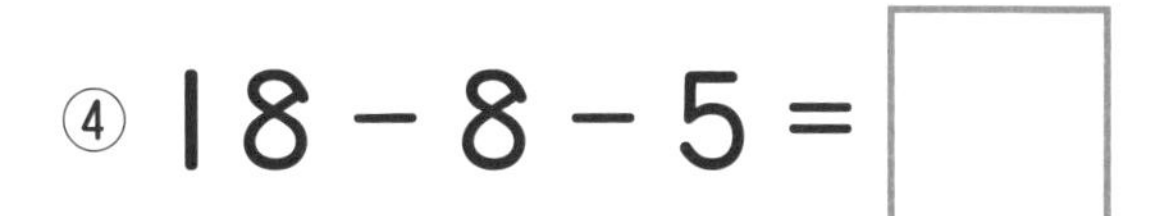

④ $18-8-5=$ □

⑤ $19-9-8=$ □

④ もんだい文を　読んで、しきと　答えを　書きましょう。

1つ15点(30点)

① クッキーが　9まい　あります。
ねこは　3まい、しろくまは　4まい　食べました。
クッキーは　何まい　のこって　いますか。

しき □　　答え □

② おり紙が　17まい　あります。
お友だちに　7まい　あげて、9まい　つかいました。
のこりは　何まい　ですか。

しき □　　答え □

ひき算

16 くり下がりの　ある　ひき算

1 10より　大きい　数を　「10と　いくつ」のように　分けて計算して、□に　当てはまる　数字を　書きましょう。

1つ5点(10点)

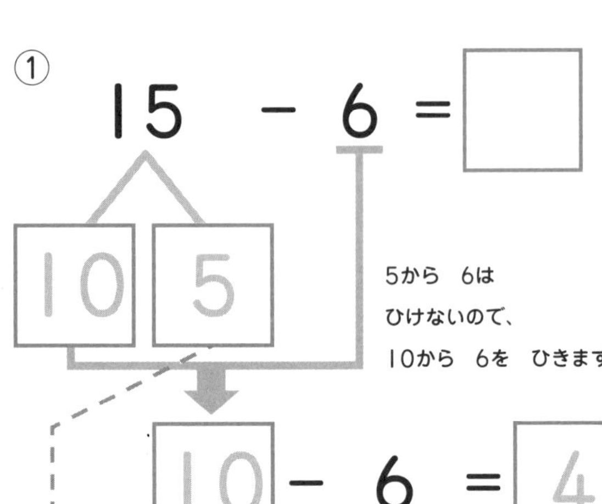

15を　10と　5に　分けた　ときの　5と
10−6の　答えの　4を　たします。

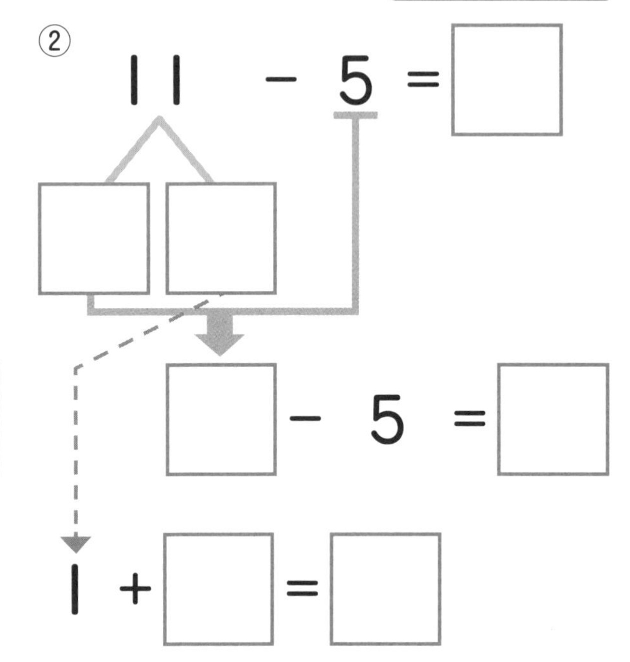

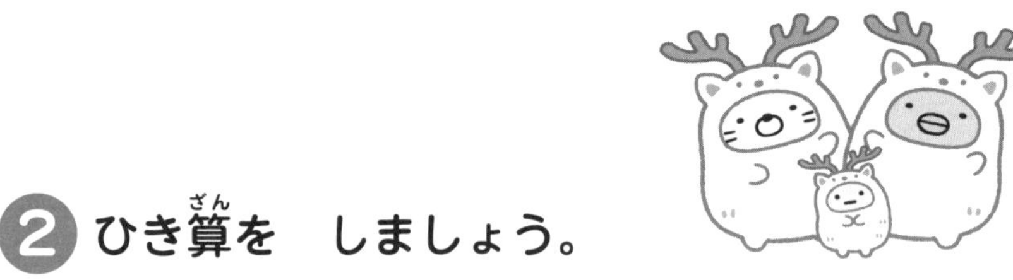

2 ひき算を　しましょう。

1つ5点(30点)

① 13 − 7 = □　　② 15 − 8 = □

③ 12 − 6 = □　　④ 11 − 4 = □

⑤ 16 − 7 = □　　⑥ 14 − 9 = □

3 もんだい文を　読んで、しきと　答えを　書きましょう。

1つ20点(40点)

① シールが　12まい　あります。8まい　つかうと　のこりは
何まいですか。

しき

答え

② 水色の　おり紙が　7まい、黄色の　おり紙が　15まい　あります。
どちらが　何まい　多いですか。

しき

答え　　　　の　おり紙が　　　まい　多い。

4 □に　当てはまる　数字を　えらんで、線で　むすびましょう。

1つ5点(20点)

□ − 5 = 7 ●	● 8
13 − □ = 5 ●	● 4
11 − 7 = □ ●	● 6
13 − □ = 7 ●	● 12

おぼえておこう

11 − 8 のように　一のくらいから　ひけない　ときは、11 を　10と　1に　分けて、10 から　8 を　ひきます。そして、11 を　10と　1に　分けた　ときの 1 と　10 − 8 の　答えの　2 を　たします。

17 ひき算(ざん)
大(おお)きな　数(かず)の　ひき算(ざん)

1 ひき算(ざん)を　しましょう。　1つ5点(15点)

① 30 − 10 = □

10　10　[10] → ひく

② 80 − 50 = □

10　10　10　[10　10　10　10　10] → ひく

③ 100 − 20 = □

10　10　10　10　10　10　10　10　[10　10] → ひく

2 ひき算(ざん)を　しましょう。　1つ5点(25点)

① 40 − 10 = □　　② 40 − 20 = □

③ 60 − 50 = □　　④ 90 − 20 = □

⑤ 100 − 50 = □

3 もんだい文を　読んで、しきと　答えを　書きましょう。

1つ15点(30点)

① おり紙が　50まい　あります。10まい　つかうと　のこりは
何まいに　なりますか。

しき □　　答え □

② かん字ドリルは　40 ページ、計算ドリルは　60 ページ　あります。
どちらが　何ページ　多いですか。

しき □

答え □ ドリルが 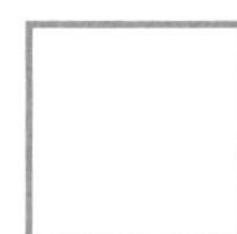 □ ページ　多い。

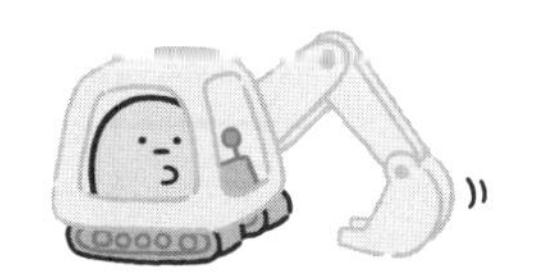

4 □に　当てはまる　数字を　書きましょう。

1つ5点(30点)

① $60 - \square = 30$　② $30 - \square = 10$

③ $70 - \square = 20$　④ $\square - 10 = 60$

⑤ $\square - 20 = 60$　⑥ $\square - 40 = 60$

おぼえておこう

大きな　数の　ひき算は、10の　まとまりで　考えると、
計算しやすく　なります。

1 ひき算を しましょう。

1つ8点(32点)

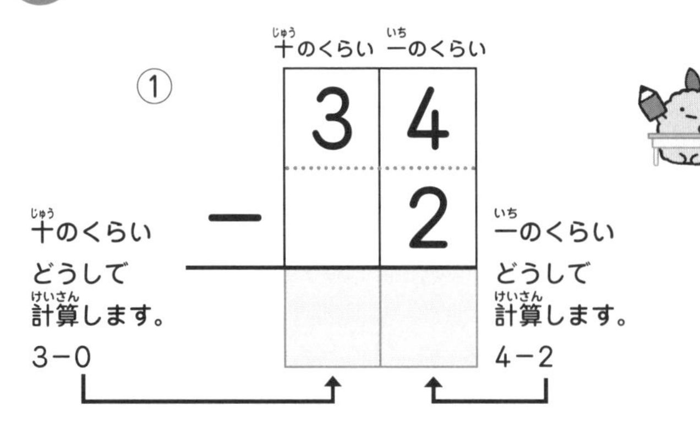

2 1組は 36人 います。2組は 1組より 4人 少ないです。2組は 何人 いますか。ひっ算で 計算して、しきと 答えを 書きましょう。

18点

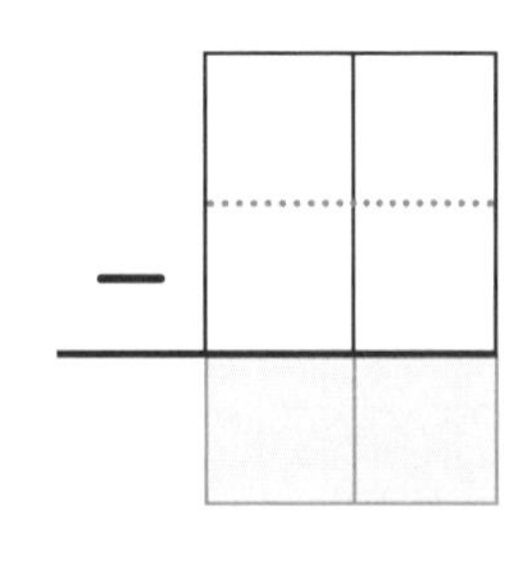

しき

答え

❸ ひき算を　しましょう。
□に　くり下がる　数を　書いて　計算しましょう。

1つ8点(32点)

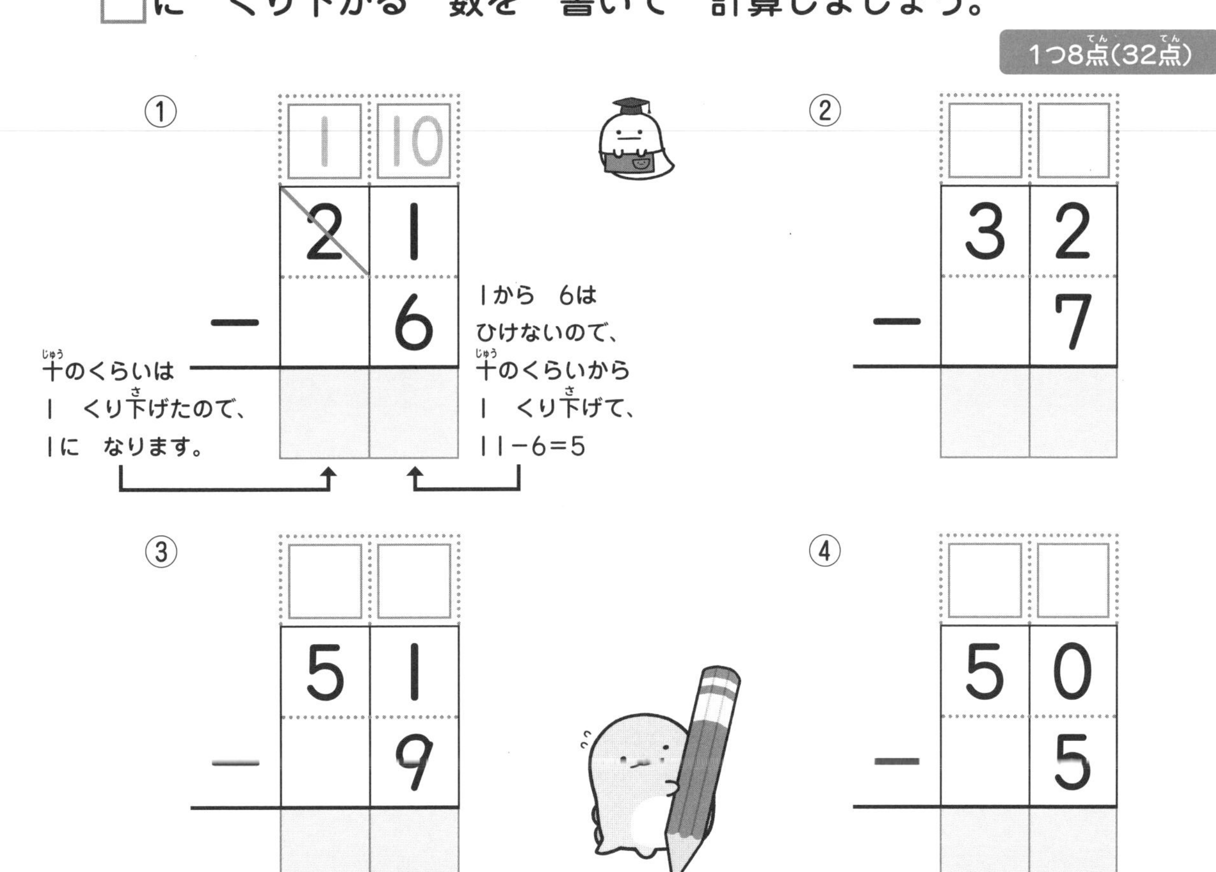

③

	5	1
−		9

④

	5	0
−		5

❹ しろくまは　70ページの　本を　8ページ　読みました。
のこりは　何ページ　ありますか。

18点

しき

答え

おぼえておこう

一のくらいから　先に　計算して、一のくらい　どうしで　ひけない　ときは、
十のくらいから　1　くり下げます。

19 ひき算 ひっ算②

1 ひき算を　しましょう。

1つ7点(56点)

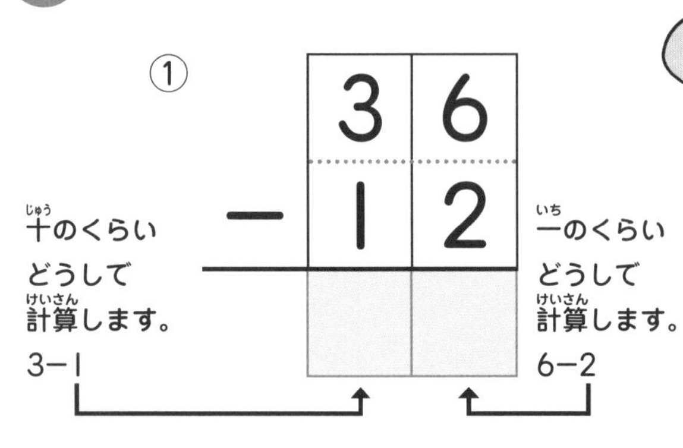

① $\begin{array}{r} 36 \\ -\ 12 \\ \hline \end{array}$

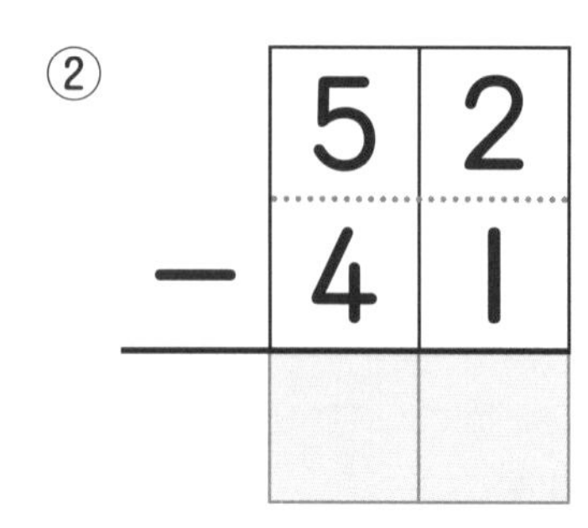

② $\begin{array}{r} 52 \\ -\ 41 \\ \hline \end{array}$

③ $\begin{array}{r} 45 \\ -\ 22 \\ \hline \end{array}$

④ $\begin{array}{r} 58 \\ -\ 37 \\ \hline \end{array}$

⑤ $\begin{array}{r} 39 \\ -\ 27 \\ \hline \end{array}$

⑥ $\begin{array}{r} 83 \\ -\ 52 \\ \hline \end{array}$

⑦ $\begin{array}{r} 78 \\ -\ 43 \\ \hline \end{array}$

⑧ $\begin{array}{r} 99 \\ -\ 85 \\ \hline \end{array}$

❷ つぎの　ひき算を　ひっ算で　計算しましょう。

1つ7点(28点)

① 35 − 24

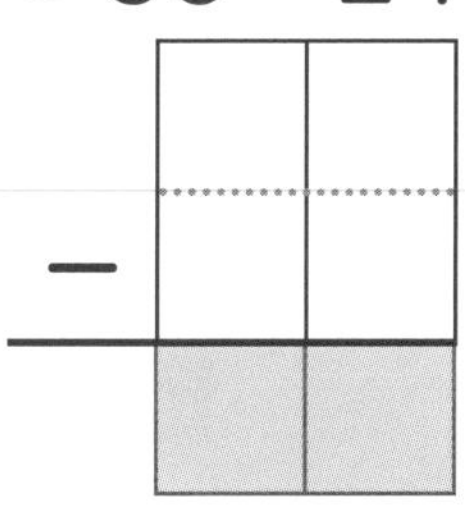

② 47 − 33

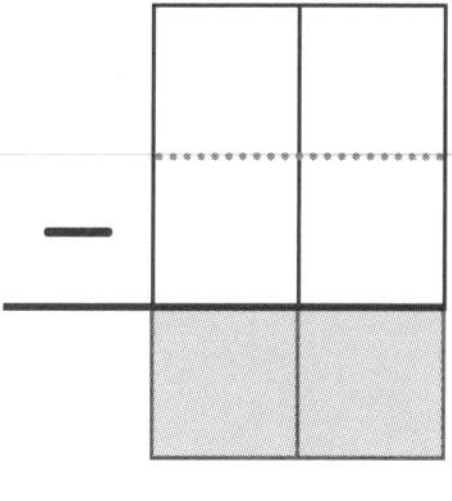

③ 58 − 31

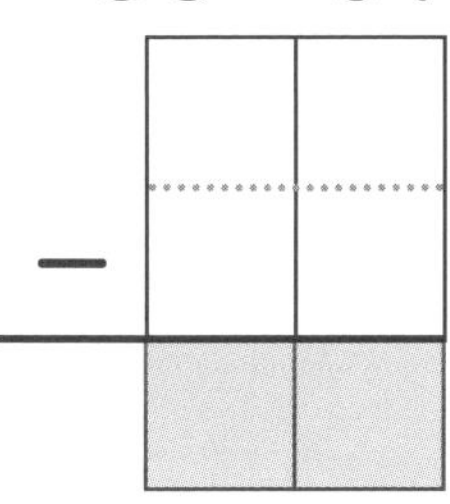

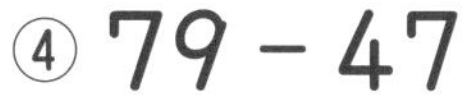

④ 79 − 47

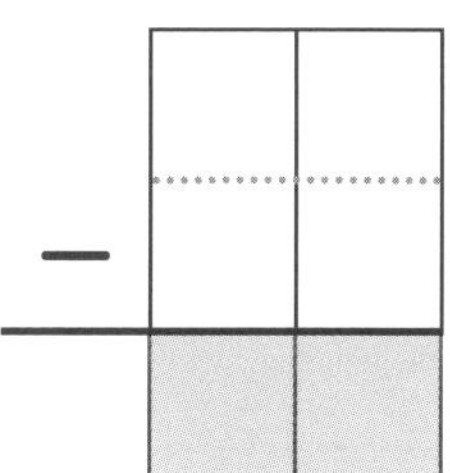

❸ 1年生と　2年生を　合わせると　98人　います。1年生は　52人です。2年生は　何人　いますか。ひっ算で　計算して、しきと　答えを　書きましょう。

16点

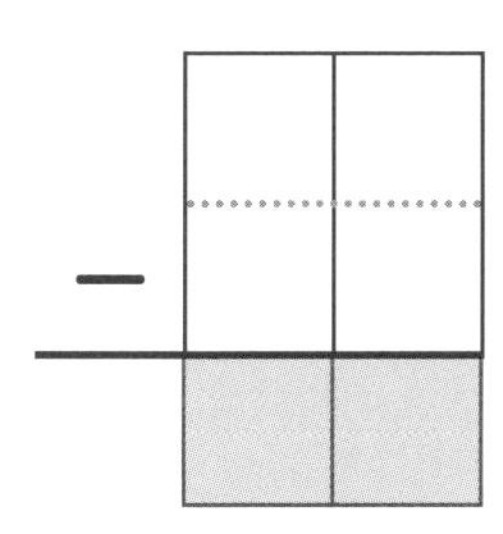

しき

答え

2けたの　数の　ひき算は、同じ　くらいごとに　計算します。
ひっ算する　ときは　同じ　くらいを　たてに　そろえて　書きましょう。

1 ひき算を　しましょう。
□に　くり下がる　数を　書いて　計算しましょう。

1つ10点(50点)

①

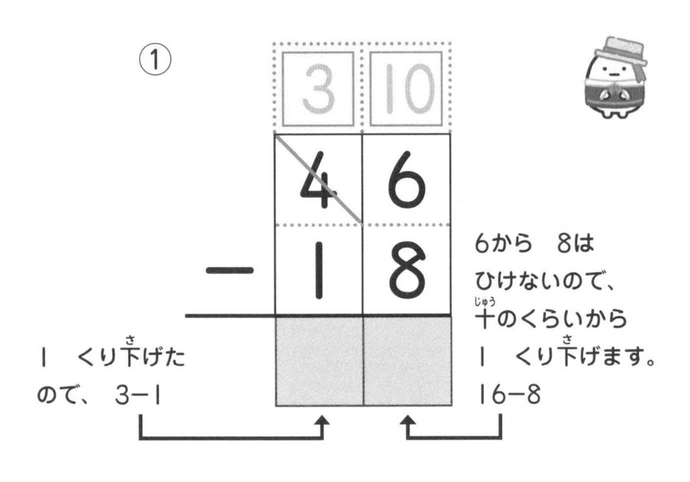

②

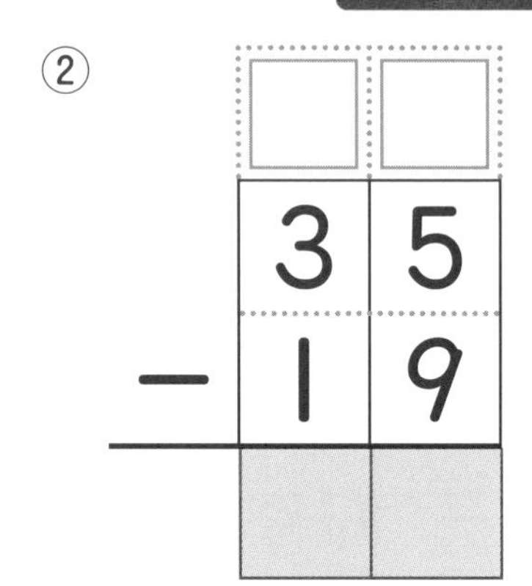

③

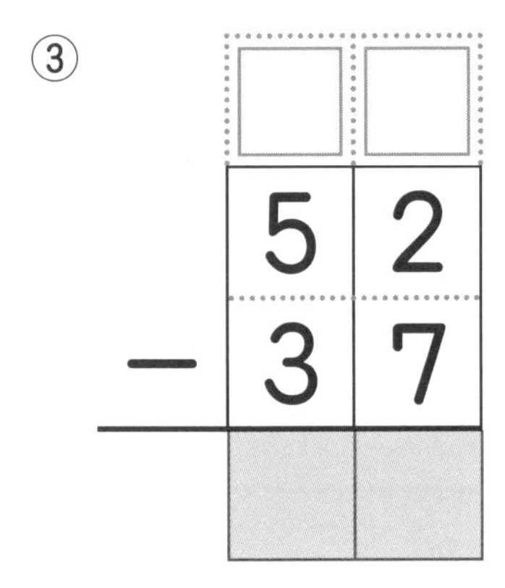

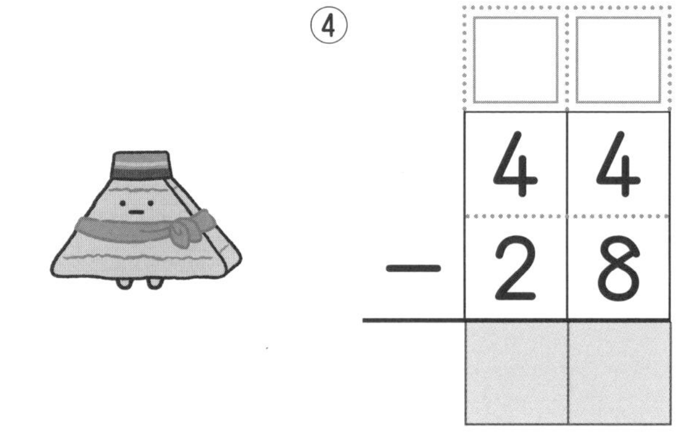

④

⑤

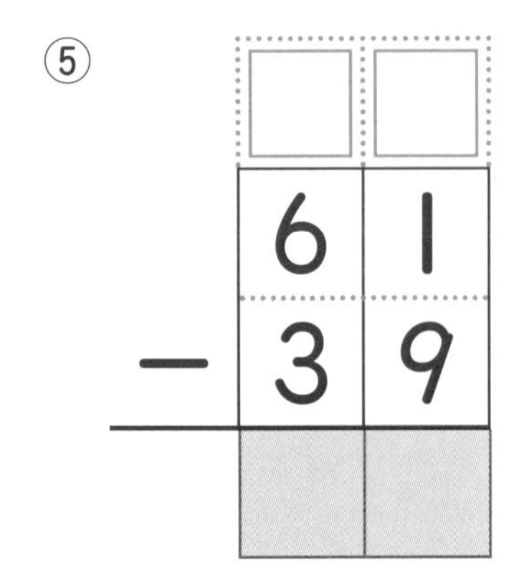

❷ つぎの　ひき算を　ひっ算で　計算しましょう。
□に　くり下がる　数も　書きましょう。

1つ10点(50点)

① 31 − 19

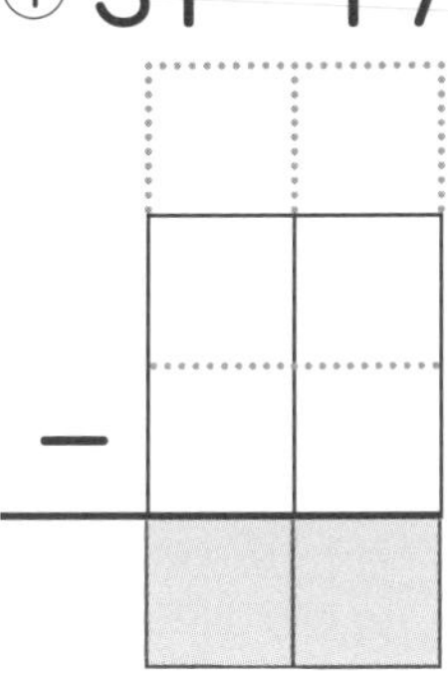

② 53 − 29

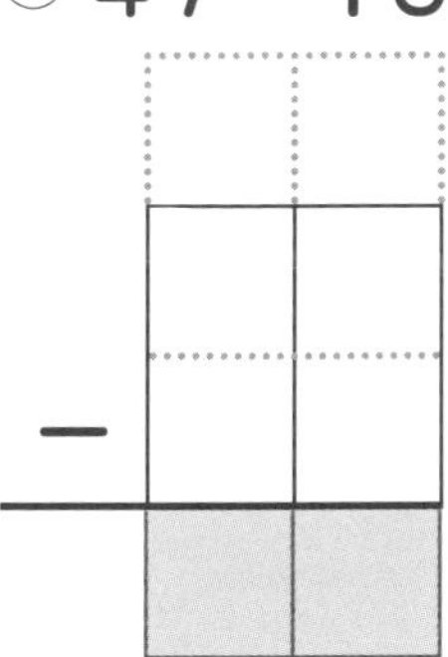

③ 47 − 18

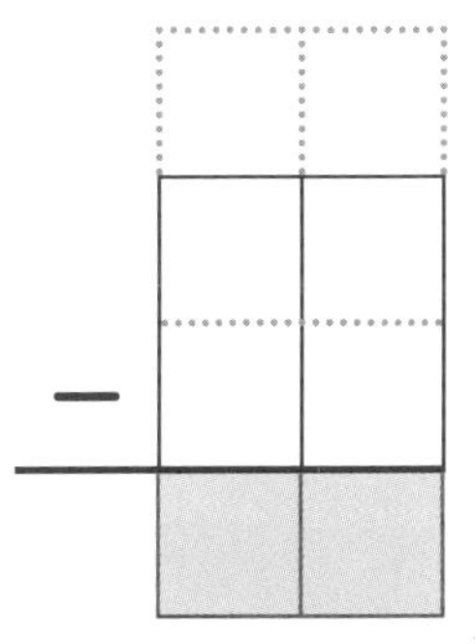

④ 40 − 29

⑤ 55 − 48

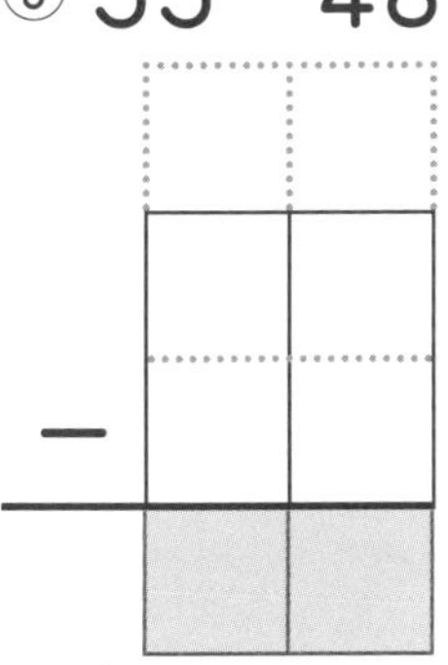

おぼえておこう

42 − 16 のように、一のくらいの　ひき算が　できない　ときは、十のくらいから　1　くり下げて　計算します。

21 ひき算 ひっ算④

2年

月　日

点

1 もんだい文を　読んで　ひっ算で　計算して、しきと　答えを　書きましょう。

1つ16点(48点)

① ねこは　82円　もって　います。58円の　いちごを　買いました。のこりは　いくらに　なりますか。

しき

答え

② 校ていで　73人　あそんで　います。66人が　教室に　もどりました。校ていに　のこって　いるのは　何人ですか。

しき

答え

③ お皿が　70まい　あります。27人に　1まいずつ　くばりました。お皿は　何まい　のこって　いますか。

しき

答え

❷ つぎの　ひき算を　ひっ算で　計算しましょう。

1つ7点(28点)

① $35-16$

② $42-29$

③ $73-64$

④ $80-27$

❸ □に　当てはまる　数字を　書きましょう。

1つ8点(24点)

①

	□	2
−	2	4
	3	8

②

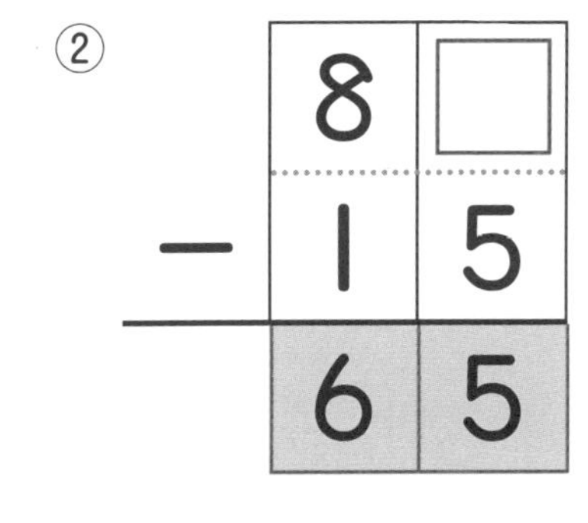

	8	□
−	1	5
	6	5

③

	3	3
−	□	8
	1	5

22 ひき算 ひっ算⑤

2年　　月　　日　　点

1 ひき算を　しましょう。
□に　くり下がる　数を　書いて　計算しましょう。

1つ8点(48点)

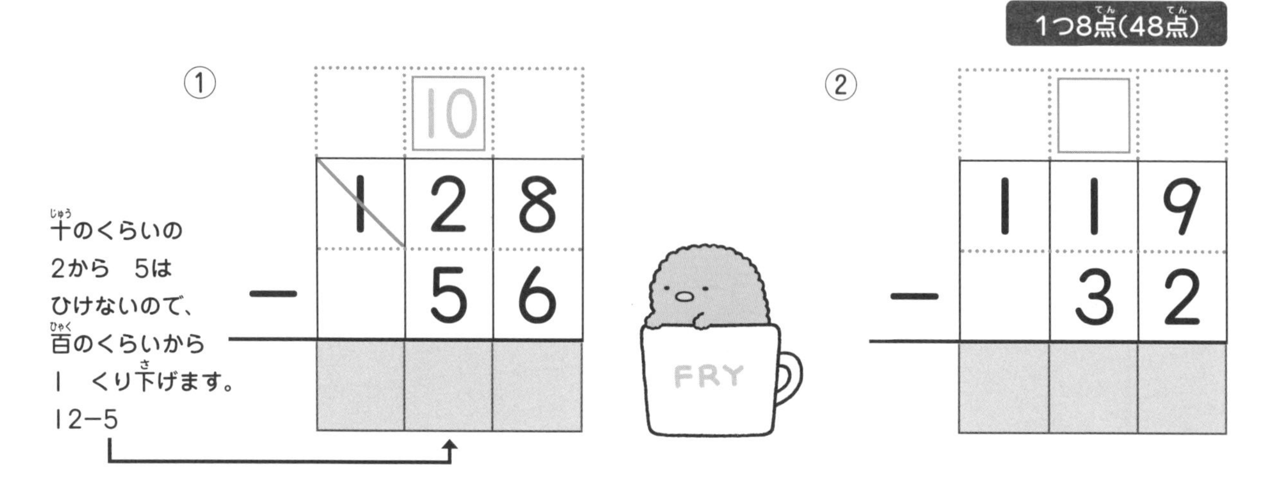

①

	10	
1	2	8
−	5	6

②

	□	
1	1	9
−	3	2

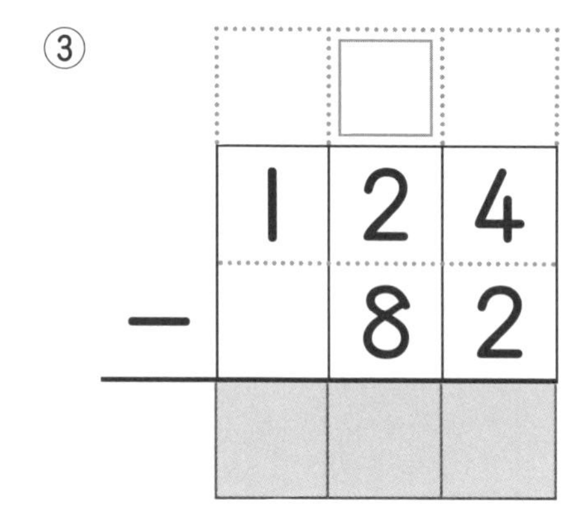

③

	□	
1	2	4
−	8	2

④

	□	
1	5	5
−	6	4

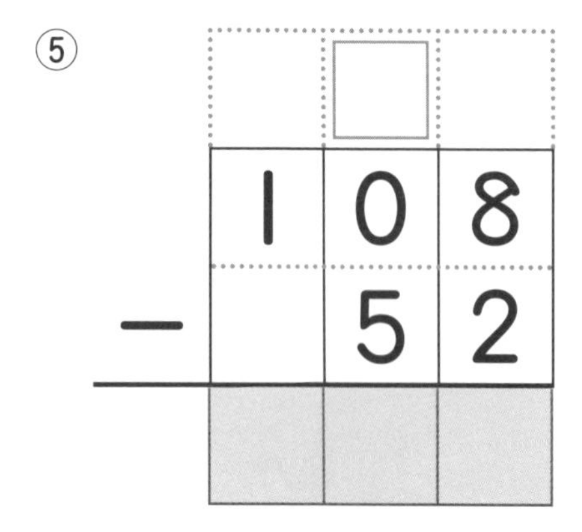

⑤

	□	
1	0	8
−	5	2

⑥

	□	
1	0	5
−	8	5

2 つぎの　ひき算を　ひっ算で　計算しましょう。
□に　くり下がる　数も　書きましょう。

1つ8点(32点)

① 139 − 45

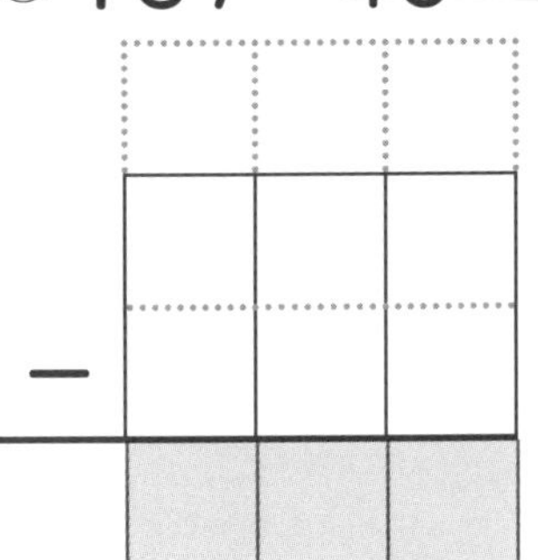

② 157 − 73

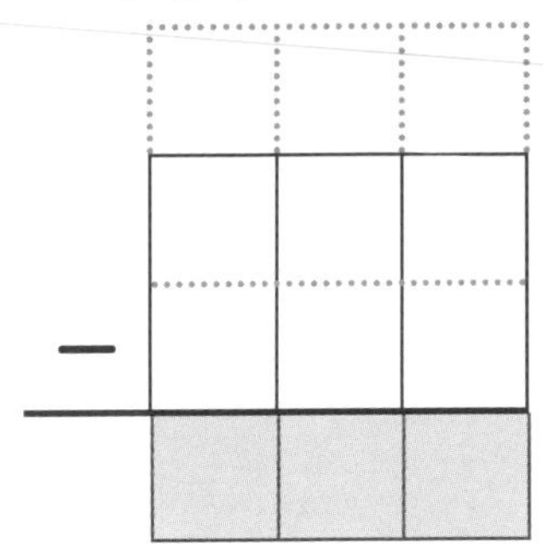

③ 109 − 55

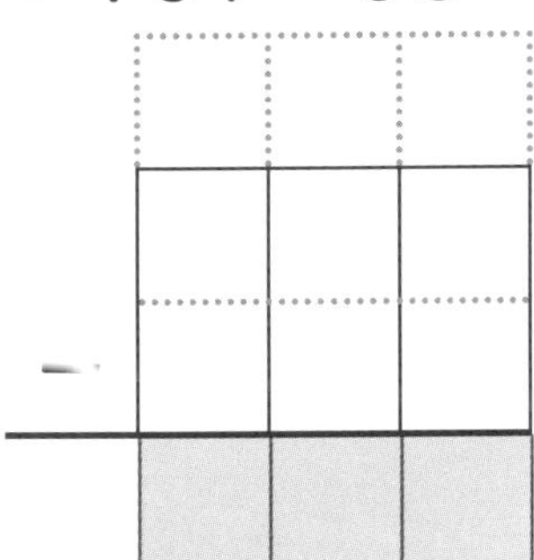

④ 168 − 98

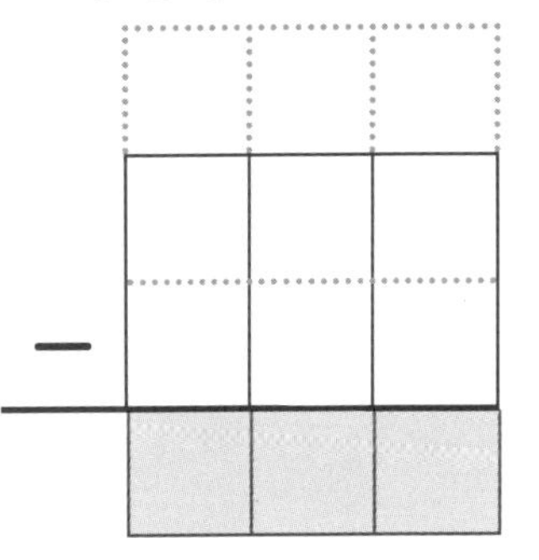

3 ねこは　カードを　109まい　もって　います。
とかげに　23まい　あげました。
カードは　何まい　のこって　いますか。
ひっ算で　計算して、しきと　答えを　書きましょう。
□に　くり下がる　数も　書きましょう。

20点

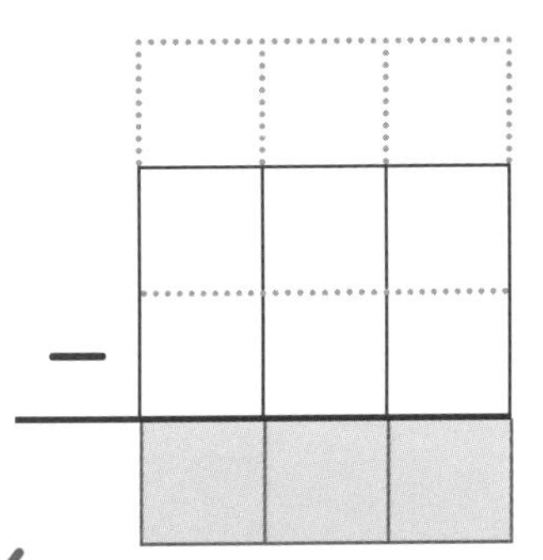

しき

答え

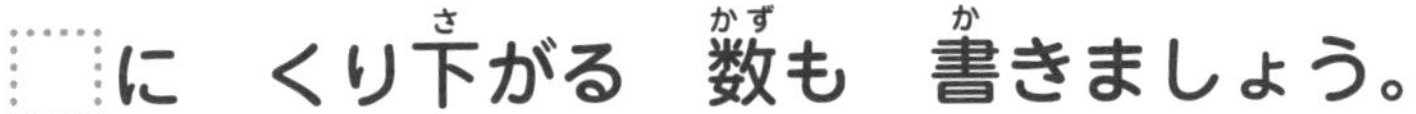

おぼえておこう

125 − 34 のように、十のくらいの　ひき算が　できない　ときは、
百のくらいから　1　くり下げて　計算します。

23 ひき算 ひっ算⑥

1 ひき算を　しましょう。
□に　くり下がる　数を　書いて　計算しましょう。

1つ8点(48点)

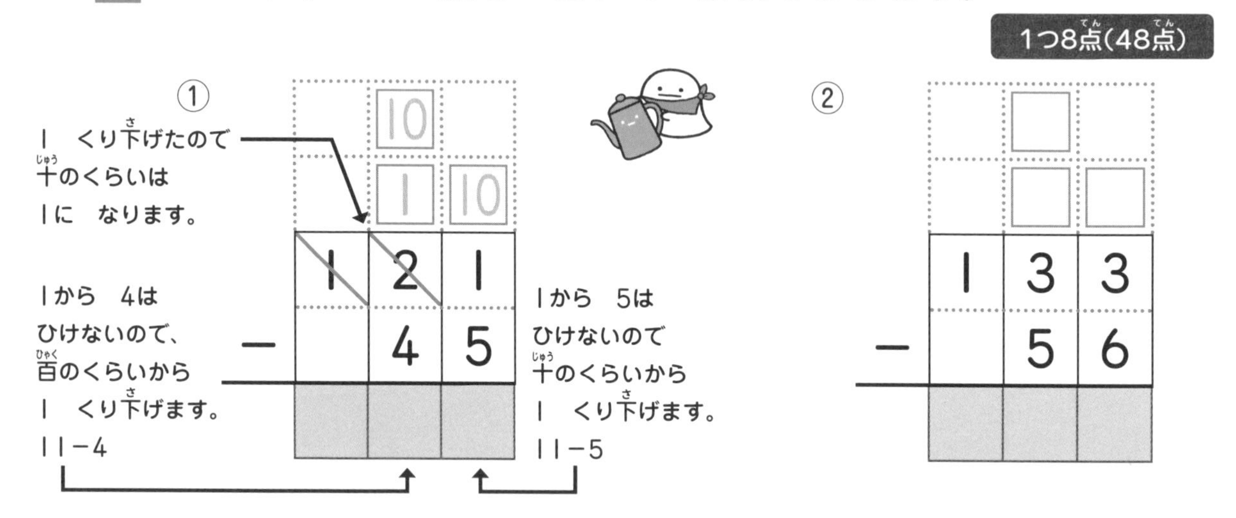

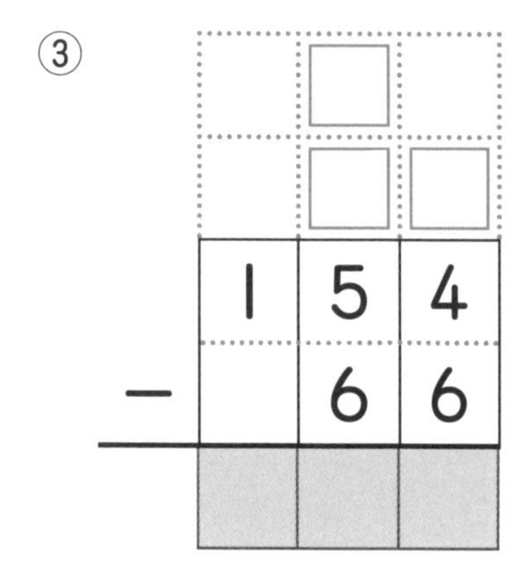

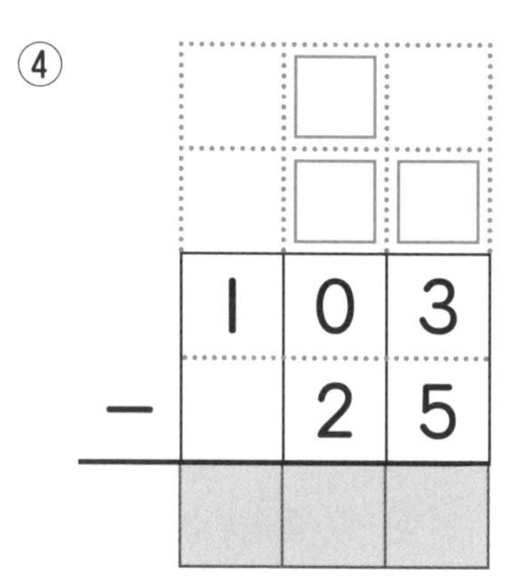

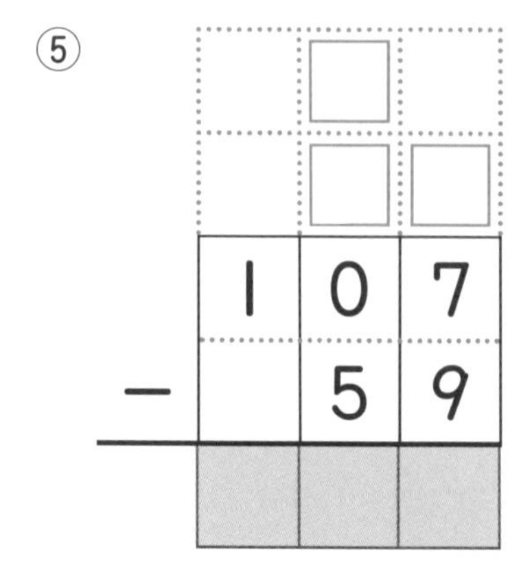

⑥

1	7	2
−	9	9

❷ つぎの　ひき算を　ひっ算で　計算しましょう。
□に　くり下がる　数も　書きましょう。

1つ8点(32点)

① 134－68

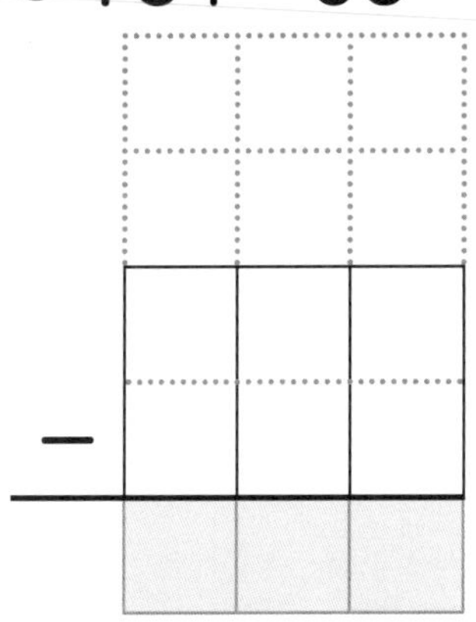

② 151－84

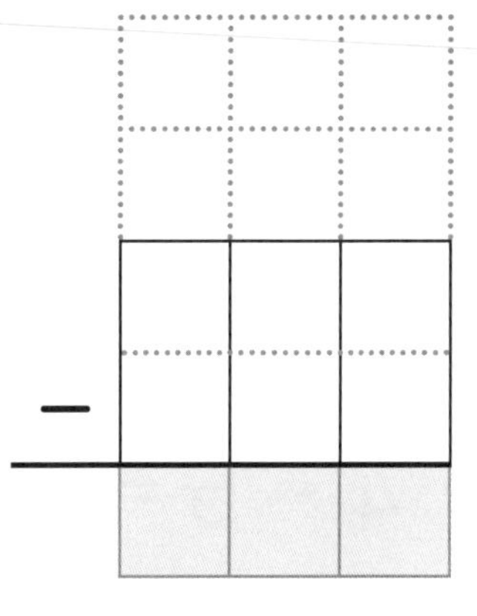

③ 103－39

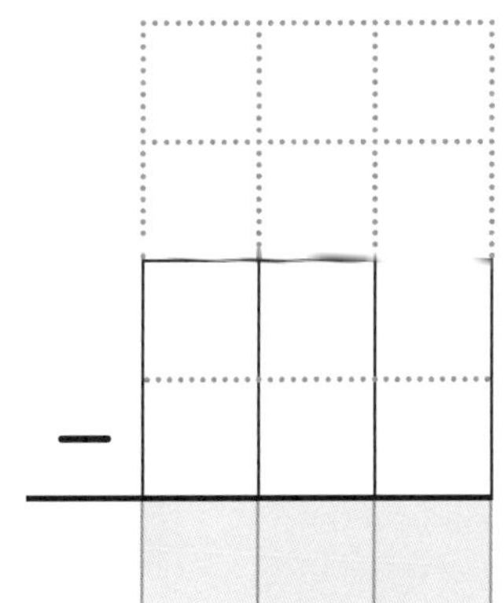

④ 107－78

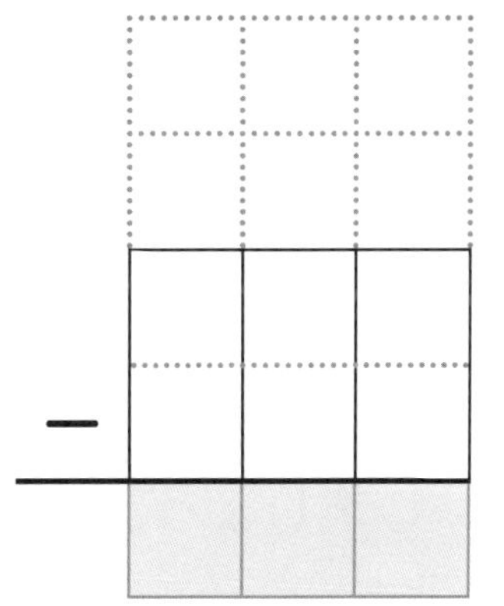

❸ シールが　110まい　あります。34まい　つかいました。シールは何まい　のこって　いますか。ひっ算で　計算して、しきと　答えを書きましょう。□に　くり下がる　数も　書きましょう。

1つ10点(20点)

しき

答え

おぼえておこう　くり下がりの　回数が　ふえても、一のくらいから　じゅんに　計算します。

24 たし算と　ひき算　3つの　数の　計算①

1 □に　当てはまる　数字を　書きましょう。　1つ3点(12点)

① 2 + 5 − 2 = □ − 2 = □

先に　2と　5を　たします。

② 4 + 4 − 5 = □ − 5 = □

③ 3 + 7 − 4 = □ − 4 = □

④ 6 + 4 − 8 = □ − 8 = □

2 計算を　しましょう。　1つ4点(24点)

① 5 + 2 − 3 = □

② 1 + 6 − 2 = □

③ 4 + 5 − 7 = □

④ 8 + 2 − 1 = □

⑤ 1 + 9 − 7 = □

⑥ 5 + 5 − 5 = □

3 もんだい文を　読んで、しきと　答えを　書きましょう。

1つ20点(40点)

① ぺんぎん？は　きゅうりを　3本　もって　います。スーパーで　6本　買って　きて、7本　食べました。きゅうりは　何本　のこって　いますか。

しき　　　　　　答え

② 公園で　8人　あそんで　います。そこへ　2人　来て、5人　帰りました。公園に　のこって　いるのは　何人ですか。

しき　　　　　　答え

4 □に　当てはまる　数字を　書きましょう。

1つ4点(24点)

① $5 + \square - 1 = 6$

② $3 + \square - 2 = 7$

③ $4 + \square - 3 = 5$

④ $7 + \square - 3 = 7$

⑤ $\square + 6 - 5 = 5$

⑥ $\square + 6 - 1 = 9$

おぼえておこう

たし算と　ひき算が　まざった　3つの　数の　計算は
左の　数から　じゅん番に　たしたり　ひいたり　して　いきます。

25 たし算と ひき算 3つの 数の 計算②

1 □に 当てはまる 数字を 書きましょう。

1つ3点(12点)

① 6 − 3 + 2 = □ + 2 = □

先に 6から 3を ひきます。

② 10 − 2 + 1 = □ + 1 = □

③ 15 − 5 + 4 = □ + 4 = □

④ 18 − 8 + 7 = □ + 7 = □

2 計算を しましょう。

1つ4点(24点)

① 8 − 3 + 2 = □

② 10 − 4 + 2 = □

③ 7 − 3 + 6 = □

④ 12 − 2 + 8 = □

⑤ 17 − 7 + 4 = □

⑥ 13 − 3 + 9 = □

3 もんだい文を　読んで、しきと　答えを　書きましょう。

1つ20点(40点)

① ねこは　クッキーを　10まい　もって　います。
6まい　食べて、しろくまから　5まい　もらいました。
クッキーは　何まい　のこって　いますか。

しき □　　答え □

② おり紙が　17まい　あります。7まい　つかって、お友だちから　9まい
もらいました。おり紙は　何まい　のこって　いますか。

しき □　　答え □

4 □に　当てはまる　数字を　書いて、ゴールまで　すすみましょう。

1つ3点(24点)

スタート　6 − 2 + 2 = □ − 1 + 3 = □ − 4 + 6 =

□ − 4 + 10 = □ − 6 + 2 = □ − 2 + 8 =

□ − 8 + 9 = □ − 9 + 10 = 20　ゴール

たし算と　ひき算
何番目・ぜんぶで　何人

1 もんだい文を　読んで　しきと　答えを　書きましょう。

1つ16点(48点)

① しろくまは　前から　5番目に　います。しろくまの　後ろには　たぴおかが　4ひき　います。ぜんぶで　何びき　ならんで　いますか。

しき

答え

② とかげの　前に　たぴおかが　3びき、後ろに　6ぴき　ならんで　います。ぜんぶで　何びき　ならんで　いますか。

しき

答え

③ ねこは　前から　10番目、後ろから　5番目に　います。ぜんぶで　何びき　ならんで　いますか。

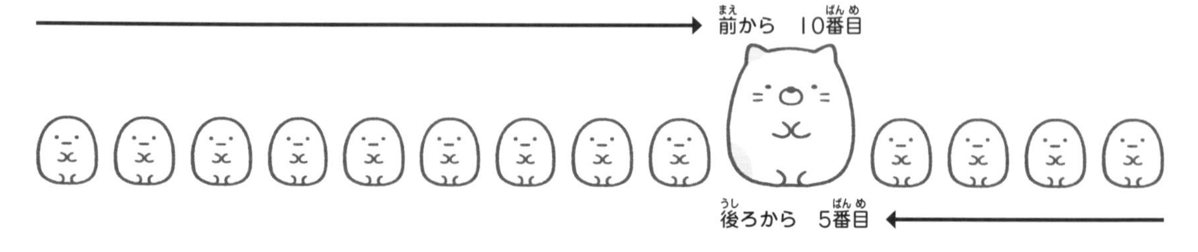

しき

答え

2 もんだい文を　読んで　すみっコの　数だけ　○を　かいて　図を　かんせい　させて、しきと　答えも　書きましょう。

① ぺんぎん？の　前には　たぴおかが　5ひき、後ろには　4ひき　ならんで　います。ぜんぶで　何びき　ならんで　いますか。

16点

図

しき

答え

② すずめは　前から　8番目、後ろから　9番目に　います。ぜんぶで　何びき　ならんで　いますか。

16点

図

しき

答え

③ とんかつの　前には　たぴおかが　5ひき、えびふらいのしっぽの　後ろには　10ぴき　ならんで　います。ぜんぶで　何びき　ならんで　いますか。

20点

図

しき

答え

27 かけ算 1・2・3の　だん

1 かけ算を　しましょう。

1つ3点(30点)

① $1 \times 1 =$ □　　② $1 \times 3 =$ □

③ $1 \times 9 =$ □　　④ $2 \times 2 =$ □

⑤ $2 \times 4 =$ □　　⑥ $2 \times 6 =$ □

⑦ $2 \times 8 =$ □　　⑧ $3 \times 2 =$ □

⑨ $3 \times 7 =$ □　　⑩ $3 \times 9 =$ □

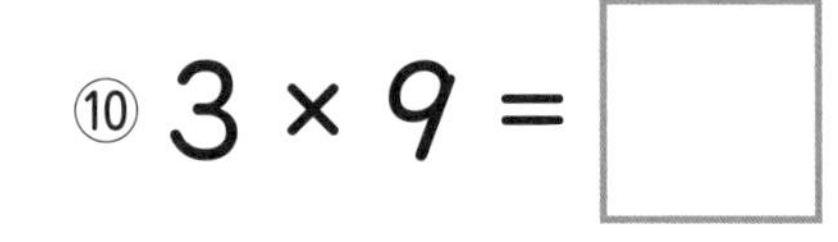

2 □に　当てはまる　数字を　書きましょう。

1つ3点(12点)

① $1 \times$ □ $= 8$　　② $2 \times$ □ $= 10$

③ $3 \times$ □ $= 9$　　④ $3 \times$ □ $= 18$

3 緑の　ところは　かけられる数、グレーの　ところは　かける数、白の　ところは　かけ算の　答えが　入ります。
□に　当てはまる　数字を　書きましょう。　1つ12点(24点)

① ②

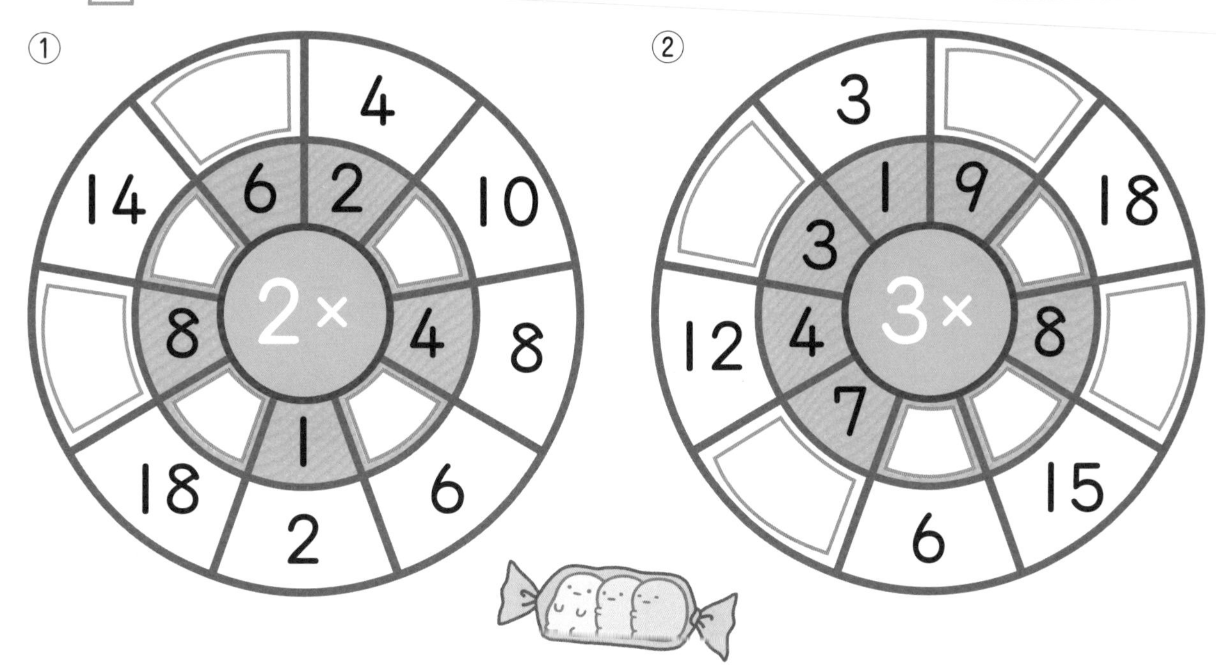

4 もんだい文を　読んで、しきと　答えを　書きましょう。　1つ17点(34点)

① とんかつと　えびふらいのしっぽに　ドーナツを　3こずつ　プレゼントする　ことに　しました。ドーナツは　何こ　ひつようですか。

しき □　　答え □

② クッキーが　1はこに　3まい　入っています。8はこだと　クッキーは　何まいに　なりますか。

しき □　　答え □

おぼえておこう

かけ算は、「1つ分の　数」と「いくつ分」が　分かれば、「ぜんぶの　数」を　もとめる　ことが　できます。
1×2の　とき、1を　かけられる数と　いい、2を　かける数と　いいます。

28 かけ算 4・5・6の　だん

1 かけ算を　しましょう。

1つ3点（30点）

① $4 \times 1 =$ □　② $4 \times 4 =$ □

③ $4 \times 9 =$ □　④ $5 \times 2 =$ □

⑤ $5 \times 6 =$ □　⑥ $5 \times 8 =$ □

⑦ $6 \times 2 =$ □　⑧ $6 \times 4 =$ □

⑨ $6 \times 6 =$ □　⑩ $6 \times 9 =$ □

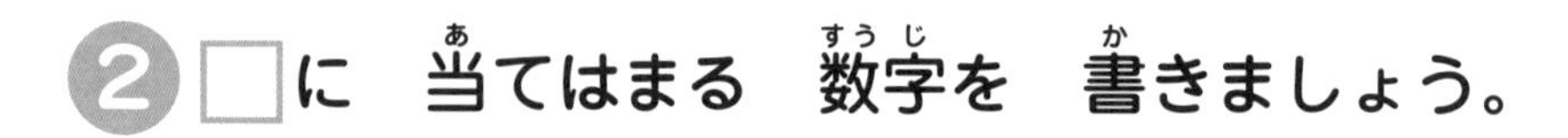

2 □に　当てはまる　数字を　書きましょう。

1つ3点（12点）

① $4 \times$ □ $= 12$　② $5 \times$ □ $= 15$

③ $6 \times$ □ $= 42$　④ $6 \times$ □ $= 48$

3 つぎの　たし算を　かけ算に　なおして
しきと　答えを　書きましょう。

1つ8点(24点)

① $4 + 4 + 4 + 4 + 4$

しき　　　　答え

② $5 + 5 + 5 + 5 + 5 + 5$

しき　　　　答え

③ $6 + 6 + 6$

しき　　　　答え

4 もんだい文を　読んで、しきと　答えを　書きましょう。

1つ17点(34点)

① 4cmの　リボンの　3つ分の　長さは、何cmに　なりますか。

しき　　　　答え

② ねこは　5cmの　えんぴつを　もって　います。
とかげが　もって　いる　えんぴつは、ねこの　えんぴつの　3ばいの
長さです。とかげの　えんぴつは　何cmですか。

しき　　　　答え

おぼえておこう

4つ分、5つ分の　ことを、4ばい、5ばいと　いう　ことも　できます。
1ばいは　1つ分の　ことです。
何ばいかを　もとめる　ときに　かけ算が　つかえます。

かけ算
7・8・9の　だん

1 かけ算を　しましょう。

1つ3点(30点)

① $7 \times 2 = \square$　② $7 \times 3 = \square$

③ $7 \times 7 = \square$　④ $8 \times 2 = \square$

⑤ $8 \times 3 = \square$　⑥ $8 \times 5 = \square$

⑦ $8 \times 6 = \square$　⑧ $9 \times 4 = \square$

⑨ $9 \times 7 = \square$　⑩ $9 \times 9 = \square$

2 □に　当てはまる　数字を　書きましょう。

1つ3点(12点)

① $7 \times \square = 28$　② $7 \times \square = 35$

③ $8 \times \square = 32$　④ $9 \times \square = 72$

❸ クッキーの　数を　かけ算で　もとめましょう。図を　見て　□に　当てはまる　数字を　書きましょう。

1つ12点(24点)

①

□ × □ = □

②

□ × □ = □

❹ もんだい文を　読んで、しきと　答えを　書きましょう。

1つ17点(34点)

① 1ふくろに　みかんが　9こ　入って　います。それを　3つ　買うと　みかんは　ぜんぶで　何こに　なりますか。

しき

答え

② おり紙を　8まいずつ　7人に　くばります。おり紙は　ぜんぶで　何まい　ひつようですか。

しき

答え

かけ算 1けたと 2けたの かけ算①

1 かけ算を しましょう。

□に 当てはまる 数字を 書きましょう。

1つ6点(24点)

① $2 \times 10 = 2 \times 9 + 2$

1つの しきに かけ算と たし算が ある ときは、かけ算から 先に 計算します。

$= \square + 2$

$= \square$

2×10は、2×9より 2 多いです。

② $3 \times 10 = 3 \times 9 + 3$

$= \square + 3$

$= \square$

③ $7 \times 10 = 7 \times 9 + 7$

$= \square + 7$

$= \square$

④ $9 \times 10 = 9 \times 9 + 9$

$= \square + 9$

$= \square$

2 かけ算を しましょう。

① $1 \times 10 = \square$

② $4 \times 10 = \square$

③ $5 \times 10 = \square$

④ $8 \times 10 = \square$

❸ つぎの　たし算を　かけ算に　なおして　計算しましょう。

1つ11点(22点)

① $5+5+5+5+5+5+5+5+5+5$

② $6+6+6+6+6+6+6+6+6+6$

❹ もんだい文を　読んで、しきと　答えを　書きましょう。

1つ17点(34点)

① クッキーが　8まいずつ　入った　はこが　10こ　あります。
クッキーは　ぜんぶで　何まい　ありますか。

しき　　　答え

② 5人の　グループが　10組　あります。ぜんぶで　何人に　なりますか。

しき　　　答え

かけ算では、かける数が　1　ふえると、
答えは　かけられる数だけ　ふえます。
たとえば、右の　しきのように、
かけられる　数が　6のとき、
かける数が　8から　9に　1　ふえると、
答えは　48から　54へと　6ふえます。

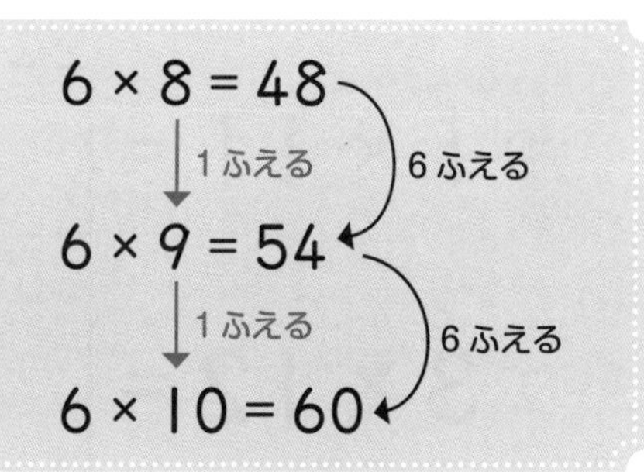

31 かけ算(ざん) 1けたと　2けたの　かけ算(ざん)②

1 かけ算(ざん)を　しましょう。□に　当(あ)てはまる　数字(すうじ)を　書(か)きましょう。

1つ5点(10点)

① $4 \times 11 = 4 \times 10 + 4$

1つの　しきに　かけ算と　たし算が　ある　ときは、かけ算から　先(さき)に　計算(けいさん)します。

$= \square + 4$

$= \square$

4×11は、4×10より　4　多(おお)いです。

② $6 \times 12 = 6 \times 10 + 6 + 6$

$= \square + \square$

$= \square$

6×12は、6×10より　6が　2つ分(ぶん)　多(おお)いです。

2 かけ算(ざん)を　しましょう。

1つ8点(32点)

① $1 \times 11 = \square$

② $5 \times 11 = \square$

③ $3 \times 12 = \square$

④ $7 \times 12 = \square$

3 本と　虫めがねの　数を　かけ算で　もとめましょう。
図を　見て　□に　当てはまる　数字を　書きましょう。

1つ12点(24点)

①

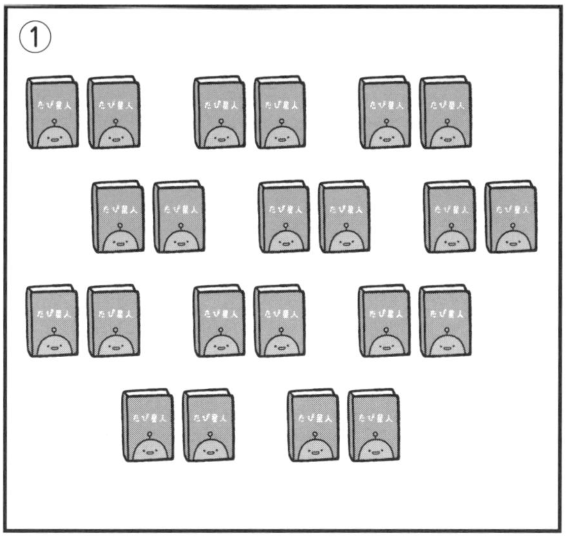

□ × □ = □

②

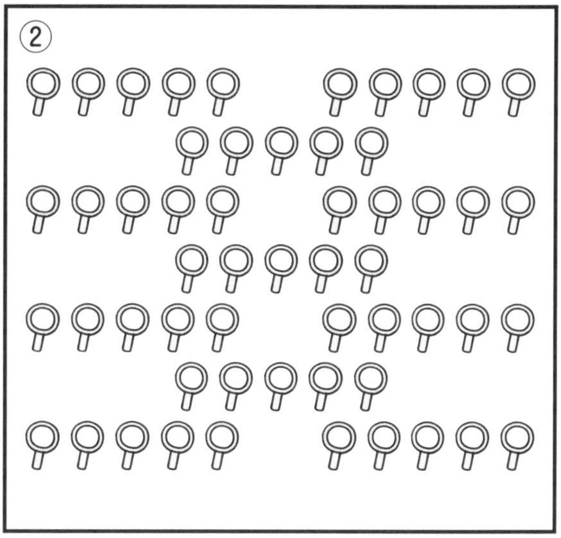

□ × □ = □

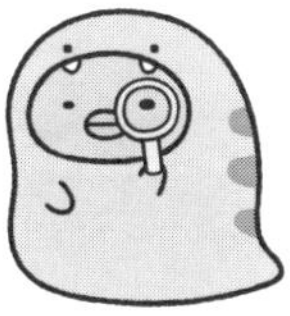

4 もんだい文を　読んで、しきと　答えを　書きましょう。

1つ17点(34点)

① 1つの　ふくろに　シールが　6まい　入って　います。11ふくろ　買うと　シールは　何まいに　なりますか。

しき

答え

② ねこは　グミを　1日　8こ　食べます。
12日間で　グミは　何こ　食べましたか。

しき

答え

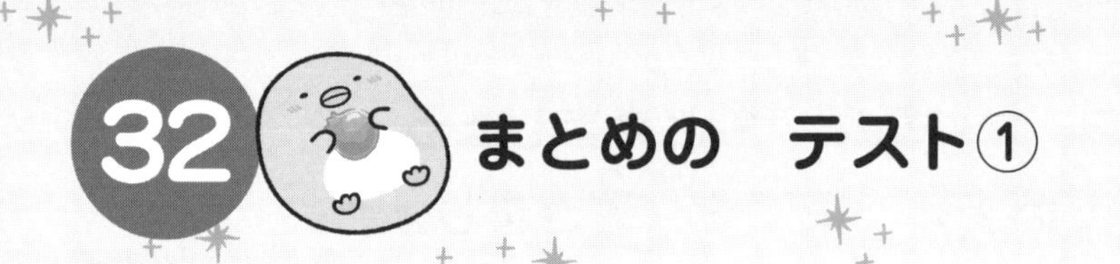

まとめの　テスト①

1 たし算を　しましょう。　1つ3点(42点)

① 5 + 2 = □

② 3 + 4 = □

③ 10 + 5 = □

④ 6 + 10 = □

⑤ 13 + 6 = □

⑥ 5 + 14 = □

⑦ 5 + 6 = □

⑧ 8 + 4 = □

⑨ 9 + 5 = □

⑩ 30 + 20 = □

⑪ 28 + 2 = □

⑫ 5 + 84 = □

⑬ 3 + 71 = □

⑭ 93 + 6 = □

2 数を　よく　見て、（　　）を　つかって
くふうして　計算しましょう。

1つ4点（16点）

① 6 + 14 + 3 =

② 23 + 7 + 5 =

③ 2 + 52 + 8 =

④ 82 + 8 + 6 =

3 もんだい文を　読んで、しきと　答えを　書きましょう。

1つ14点（42点）

① しろくまは　あめを　6こと、グミを　4こ　買いました。
あめと　グミを　合わせると　何こに　なりますか。

しき　　　　　　答え

② ぺんぎん？は　朝に　3本、昼に　4本、夜に　4本
きゅうりを　食べました。合わせて　何本　食べましたか。

しき　　　　　　答え

③ ねこは　60円の　ドーナツと、40円の　ラムネと、45円の　グミを
買いました。合わせて　いくらに　なりますか。
（　　）を　つかって　くふうして　計算しましょう。

しき　　　　　　答え

33 まとめの　テスト②

1 ひき算を　しましょう。　　1つ3点(42点)

① $6-2=\square$

② $9-4=\square$

③ $10-8=\square$

④ $15-5=\square$

⑤ $89-6=\square$

⑥ $99-7=\square$

⑦ $13-7=\square$

⑧ $12-8=\square$

⑨ $11-5=\square$

⑩ $15-7=\square$

⑪ $17-8=\square$

⑫ $80-60=\square$

⑬ $90-30=\square$

⑭ $100-50=\square$

② ひき算を　しましょう。

1つ4点(16点)

① $8-2-3=$ □　　② $15-3-2=$ □

③ $18-7-3=$ □　　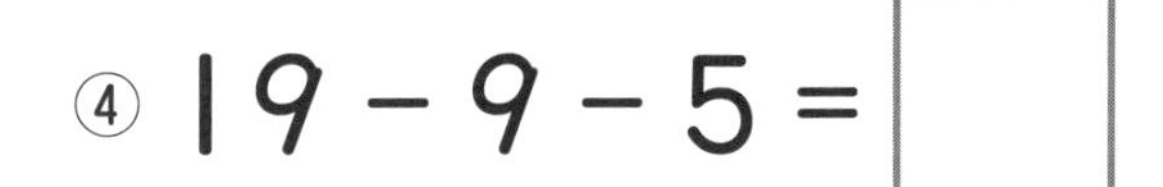
④ $19-9-5=$ □

③ もんだい文を　読んで、しきと　答えを　書きましょう。

1つ14点(42点)

① とかげは、100円　もって　います。60円の　グミを　買うと　のこりは　いくらに　なりますか。

しき　　答え

② 1年生が　7人、2年生が　12人　います。どちらが　何人　多いですか。

しき

答え　　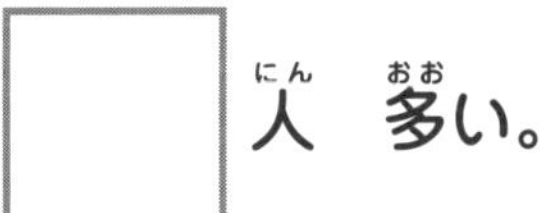
が　□　人　多い。

③ ドーナツが　20こ　あります。しろくまは　5こ、ねこは　8こ　食べました。ドーナツは　何こ　のこって　いますか。

しき　　答え

34 まとめの　テスト③

1 つぎの　たし算を　ひっ算で　計算しましょう。　1つ8点(32点)

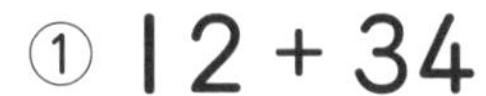

① 12＋34

② 25＋36

③ 55＋78

④ 96＋47

2 ねこは　98円の　かんづめを　2つ　買いました。合わせて　いくらに　なりますか。ひっ算で　計算して、しきと　答えを　書きましょう。　18点

しき

答え

3 つぎの　ひき算を　ひっ算で　計算しましょう。　1つ8点(32点)

① 21 − 9

② 43 − 25

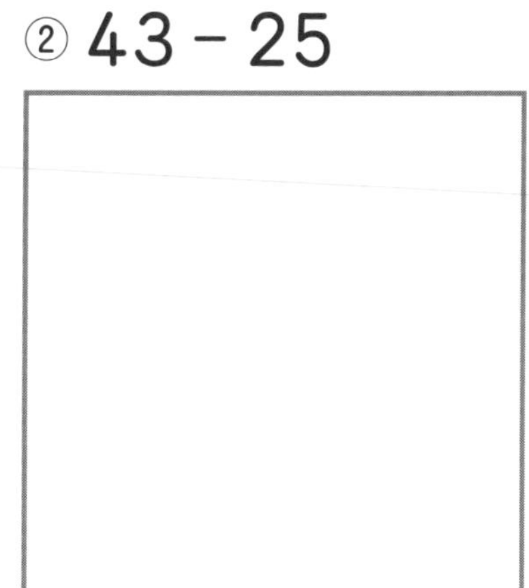

③ 72 − 59

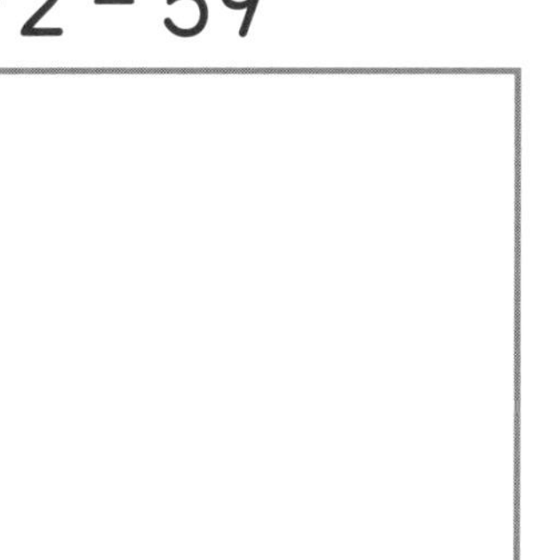

④ 173 − 84

4 とかげは　101まい　おり紙を　もって　います。しろくまに　54まい　あげました。おり紙は　何まい　のこって　いますか。ひっ算で　計算して、しきと　答えを書きましょう。

18点

しき

答え

まとめの　テスト④

1 もんだい文を　読んで　たぴおかの　数だけ　○を　かいて　図を　かんせいさせて、しきと　答えも　書きましょう。

1つ16点(32点)

① ぺんぎん？の　前には　たぴおかが　3びき、後ろには　7ひき　ならんで　います。ぜんぶで　何びき　ならんで　いますか。

図

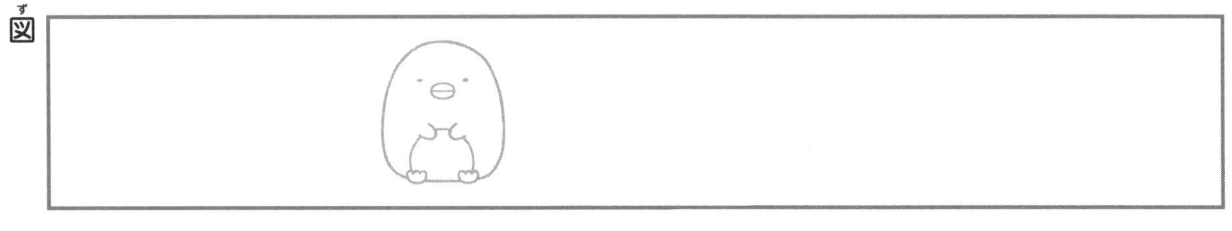

しき　　　　答え

② しろくまは　前から　6番目、後ろから　7番目に　います。ぜんぶで　何びき　ならんで　いますか。

図

しき　　　　答え

❷ かけ算を　しましょう。

1つ3点(30点)

① $2 \times 6 =$ □

② $3 \times 8 =$ □

③ $4 \times 3 =$ □

④ $5 \times 7 =$ □

⑤ $6 \times 6 =$ □

⑥ $7 \times 9 =$ □

⑦ $8 \times 5 =$ □

⑧ $9 \times 9 =$ □

⑨ $8 \times 10 =$ □

⑩ $5 \times 12 =$ □

❸ もんだい文を　読んで、かけ算の　しきと　答えを　書きましょう。

1つ19点(38点)

① ねこと　しろくまと　とかげと　ぺんぎん？に　クッキーを　4まいずつ　プレゼントする　ことに　しました。クッキーは　何まい　ひつようですか。

しき □　　答え □

② えんぴつを　1はこに　4本ずつ　入れて　12人に　くばりたいと　考えて　います。えんぴつは　何本　ひつようですか。

しき □　　答え □

答え合わせ

4・5ページ

1 いくつと いくつ

1 ①2 ②2 ③2 ④3 ⑤2 ⑥4

2 ①2 ②3

3 ① ②

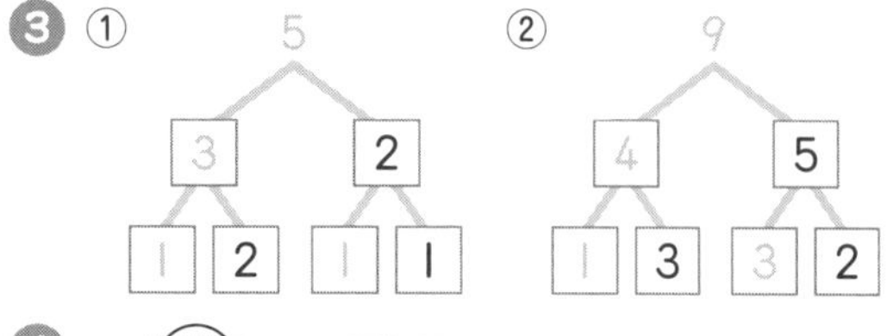

4

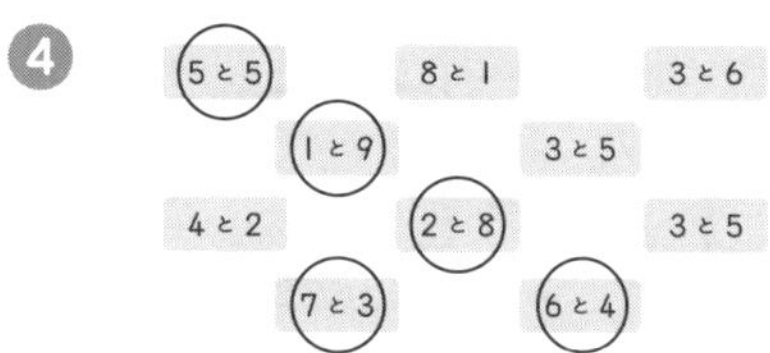

6・7ページ

2 1けたと 1けたの たし算

1 ①7 ②8 ③6 ④7 ⑤9 ⑥8

2 ①（しき）3+3=6　（答え）6まい

※式のこの部分は省略してもかまいません。
学校で習ったやり方に合わせてください。

②（しき）5+4=9　（答え）9人

3 れい

5 + 5 = 10　2 + 8 = 10
7 + 3 = 10　4 + 6 = 10

4

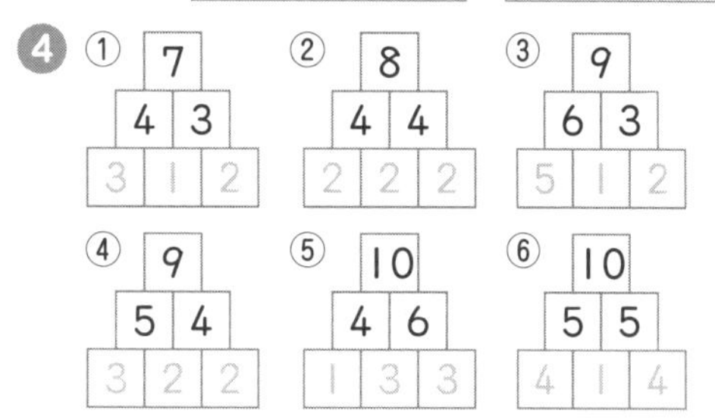

8・9ページ

3 2けたと 1けたの たし算①

1 ①11 ②12 ③15 ④14

2 ①13 ②12 ③17 ④15
⑤16 ⑥10 ⑦18 ⑧19

3 ①（しき）10+2=12　（答え）12まい
②（しき）10+5=15　（答え）15本
③（しき）10+8=18　（答え）18人

4 ①6 ②2 ③9

10・11ページ

4 2けたと 1けたの たし算②

1 ①13 ②15 ③15 ④17

2

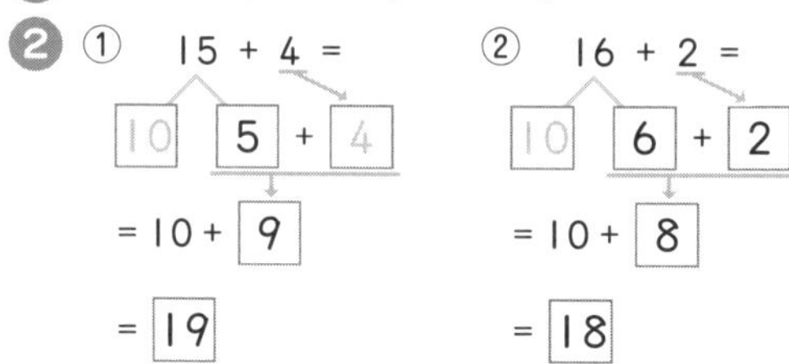

3 ①14 ②18 ③18 ④17
⑤15 ⑥19 ⑦19 ⑧18

4 ①（しき）11+7=18　（答え）18人
②（しき）13+4=17　（答え）17まい

12・13ページ

5 3つの 数の たし算

1 ①6 ②8 ③9

2 ①4・6 ②6・10 ③10・12

3 ①7 ②8 ③8 ④10 ⑤8

4 ①（しき）2+5+3=10　（答え）10こ
②（しき）3+3+3=9　（答え）9まい

14・15ページ

6 くり上がりの ある たし算

1 ①12 ②12 ③14 ④11

2

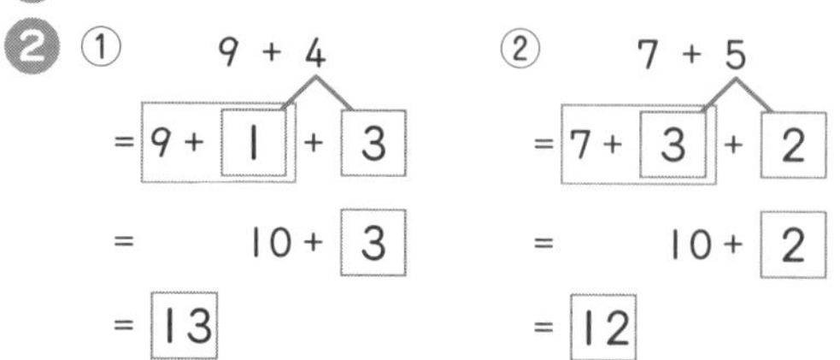

3 ①15 ②13 ③17 ④14
⑤14 ⑥13 ⑦11 ⑧14

4 ①（しき）8+4=12　（答え）12まい
②（しき）7+9=16　（答え）16こ

16・17ページ

7 大(おお)きな 数(かず)の たし算(ざん)

1 ① 55・5・55 ② 30・20・30

2 ① 33 ② 67 ③ 49 ④ 87
⑤ 20 ⑥ 70 ⑦ 80 ⑧ 70

3 ① 25 ② 36 ③ 25 ④ 39

4 ① 26 ② 35 ③ 58
④ 49 ⑤ 47 ⑥ 98

18・19ページ

8 ひっ算(さん)①

1 ① 34 ② 58 ③ 78 ④ 89
⑤ 87 ⑥ 96 ⑦ 79 ⑧ 89

2
① 33 + 14 = 47
② 42 + 27 = 69
③ 23 + 44 = 67
④ 62 + 34 = 96

3 55 + 32 = 87
(しき) 55+32=87
(答(こた)え) 87円(えん)

20・21ページ

9 ひっ算(さん)②

1
① [1] 34 + 6 = 40
② [1] 25 + 27 = 52
③ [1] 58 + 26 = 84
④ 53 + 71 = [1]24
⑤ 85 + 62 = [1]47
⑥ 91 + 77 = [1]68

2
① [1] 36 + 25 = 61
② [1] 58 + 37 = 95
③ 63 + 84 = 147
④ 72 + 65 = 137

3 85 + 92 = 177
(しき) 85+92=177
(答(こた)え) 177円(えん)

22・23ページ

10 ひっ算(さん)③

1
① [1] 56 + 66 = [1]22
② [1] 48 + 73 = [1]21
③ [1] 78 + 46 = [1]24
④ [1] 67 + 85 = [1]52
⑤ [1] 99 + 37 = [1]36
⑥ [1] 48 + 79 = [1]27

2
① [1] 55 + 87 = 142
② [1] 23 + 98 = 121
③ [1] 46 + 79 = 125
④ [1] 74 + 79 = 153

3
① [1] 36 + 86 = 122
② [1] 95 + 57 = 152

24・25ページ

11 ひっ算(さん)④

1
① [1] 95 + 98 = 193
(しき) 95+98=193
(答(こた)え) 193円(えん)

② [1] 74 + 67 = 141
(しき) 74+67=141
(答(こた)え) 141人(にん)

③ [1] 78 + 98 = 176
(しき) 78+98=176
(答(こた)え) 176円(えん)

2
① 80 + 72 = 152
(しき) 80+72=152
(答(こた)え) 152円(えん)

② [1] 88 + 95 = 183
(しき) 88+95=183
(答(こた)え) 183円(えん)

③ [1] 58 + 42 = 100
(しき) 58+42=100
(答(こた)え) チョコレート・水(みず)あめ

26・27ページ

12 （　）の　ある　たし算

1 ①20　②14

2 ①10・17　②10・16　③10・19
④20・22

3 ①8+(14+6) =28
②(27+3) +5=35
③5+(42+8) =55
④(51+9) +2=62

4 ①（しき）(15+5) +7=27
（答え）27人
②（しき）(40+60) +55=155
（答え）155円

28・29ページ

13 1けた　ひく　1けたの　ひき算

1 ①1　②3　③4　④2　⑤3　⑥1

2 ①（しき）7−4=3　（答え）3まい
②（しき）9−6=3　（答え）2年生・3

3 ① れい グミが　5こ　あります。4こ
食べると　のこりは　何こですか。
（答え）1こ
② れい 公園で　9人　あそんで　います。
6人　帰ると　のこりは　何人ですか。
（答え）3人

4 れい 5 − 3 = 2　4 − 2 = 2　9 − 7 = 2
（別解）3−1=2、6−4=2、8−6=2 など

30・31ページ

14 2けた　ひく　1けたの　ひき算

1 ① 18−2=16
10 8
8−2=6
10+6=16

② 19−6=13
10 9
9−6=3
10+3=13

2 ①10　②12　③24
④56　⑤62　⑥91

3 ①（しき）16−5=11　（答え）11こ
②（しき）29−8=21　（答え）2年生・21

4 ①3　②7　③5　④39　⑤68　⑥99

32・33ページ

15 3つの　数の　ひき算

1 ①1　②3　③5　④4　⑤2

2 ①10・8　②10・5　③7・3　④4・6

3 ①6　②1　③8　④5　⑤2

4 ①（しき）9−3−4=2　（答え）2まい
②（しき）17−7−9=1　（答え）1まい

34・35ページ

16 くり下がりの　ある　ひき算

1
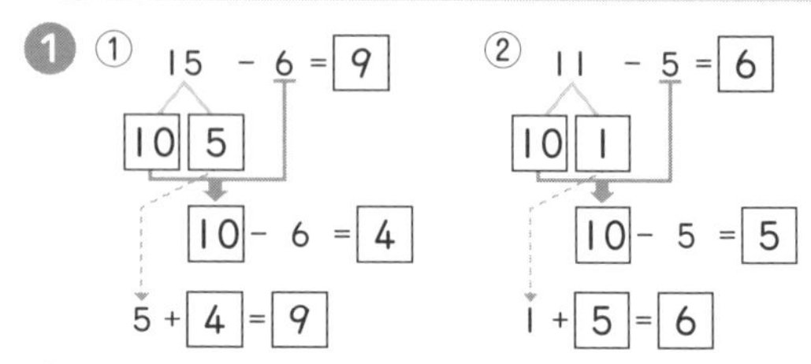

2 ①6　②7　③6　④7　⑤9　⑥5

3 ①（しき）12−8=4　（答え）4まい
②（しき）15−7=8　（答え）黄色・8

4
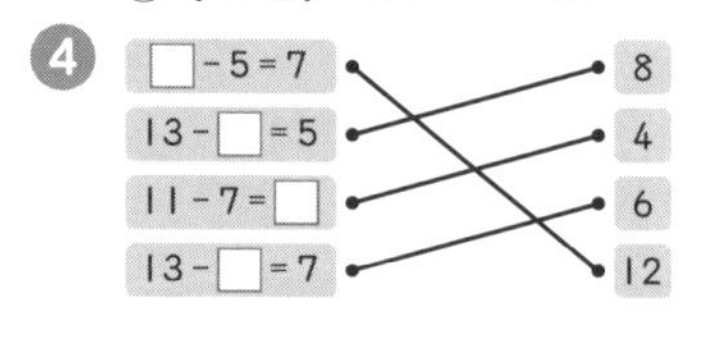

36・37ページ

17 大きな　数の　ひき算

1 ①20　②30　③80

2 ①30　②20　③10　④70　⑤50

3 ①（しき）50−10=40　（答え）40まい
②（しき）60−40=20　（答え）計算・20

4 ①30　②20　③50
④70　⑤80　⑥100

38・39ページ

18 ひっ算①

1 ①32　②21　③82　④90

2
　3 6
−　4
　3 2

（しき）36−4=32
（答え）32人

3 ①
　1 10
　2 1
−　6
　1 5

②
　2 10
　3 2
−　7
　2 5

③ 4 10 / 51 − 9 = 42　④ 4 10 / 50 − 5 = 45

4 6 10 / 70 − 8 = 62

（しき）70−8=62
（答え）62ページ

40・41ページ

19 ひっ算②

1 ①24　②11　③23　④21
⑤12　⑥31　⑦35　⑧14

2 ① 35 − 24 = 11　② 47 − 33 = 14
③ 58 − 31 = 27　④ 79 − 47 = 32

3 98 − 52 = 46

（しき）98−52=46
（答え）46人

42・43ページ

20 ひっ算③

1 ① 3 10 / 46 − 18 = 28　② 2 10 / 35 − 19 = 16　③ 4 10 / 52 − 37 = 15
④ 3 10 / 44 − 28 = 16　⑤ 5 10 / 61 − 39 = 22

2 ① 2 10 / 31 − 19 = 12　② 4 10 / 53 − 29 = 24　③ 3 10 / 47 − 18 = 29
④ 3 10 / 40 − 29 = 11　⑤ 4 10 / 55 − 48 = 7

44・45ページ

21 ひっ算④

1 ① 7 10 / 82 − 58 = 24

（しき）82−58=24
（答え）24円

② 6 10 / 73 − 66 = 7

（しき）73−66=7
（答え）7人

③ 6 10 / 70 − 27 = 43

（しき）70−27=43
（答え）43まい

2 ① 2 10 / 35 − 16 = 19　② 3 10 / 42 − 29 = 13
③ 6 10 / 73 − 64 = 9　④ 7 10 / 80 − 27 = 53

3 ①6　②0　③1

46・47ページ

22 ひっ算⑤

1

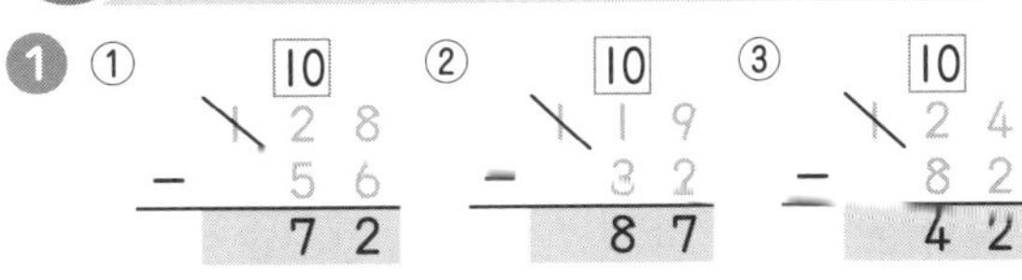

① 10 / 128 − 56 = 72　② 10 / 119 − 32 = 87　③ 10 / 124 − 82 = 42

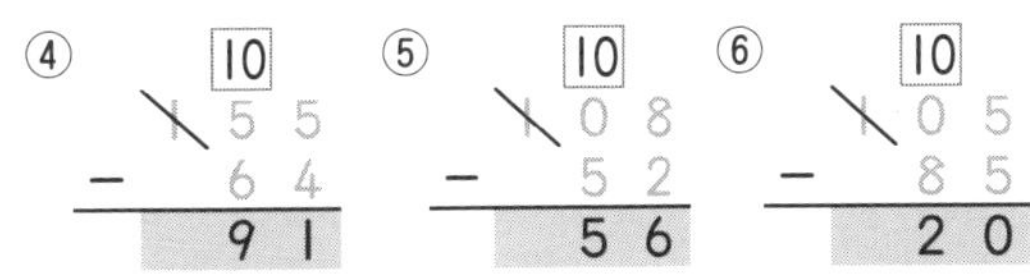

④ 10 / 155 − 64 = 91　⑤ 10 / 108 − 52 = 56　⑥ 10 / 105 − 85 = 20

2

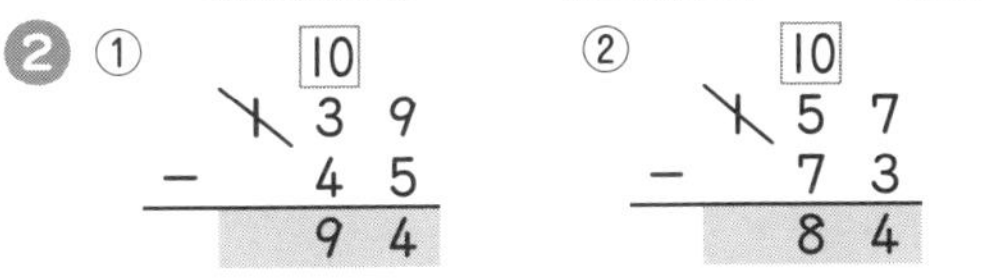

① 10 / 139 − 45 = 94　② 10 / 157 − 73 = 84
③ 10 / 109 − 55 = 54　④ 10 / 168 − 98 = 70

3

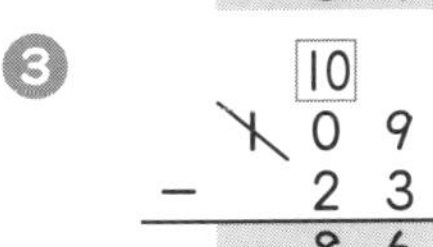

10 / 109 − 23 = 86

（しき）109−23=86
（答え）86まい

48・49ページ

23 ひっ算⑥

1

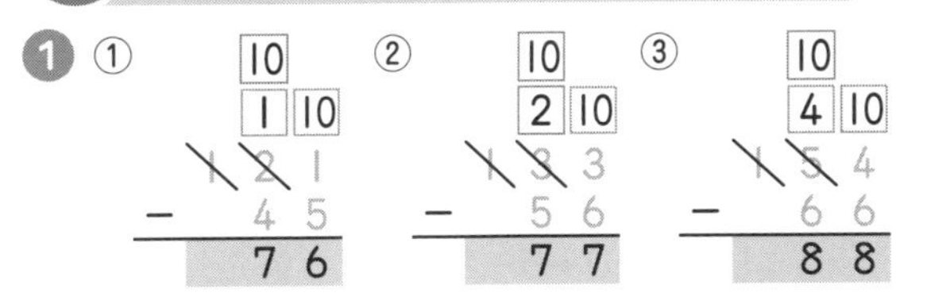

① 10 / 1 10 / 121 − 45 = 76　② 10 / 2 10 / 133 − 56 = 77　③ 10 / 4 10 / 154 − 66 = 88

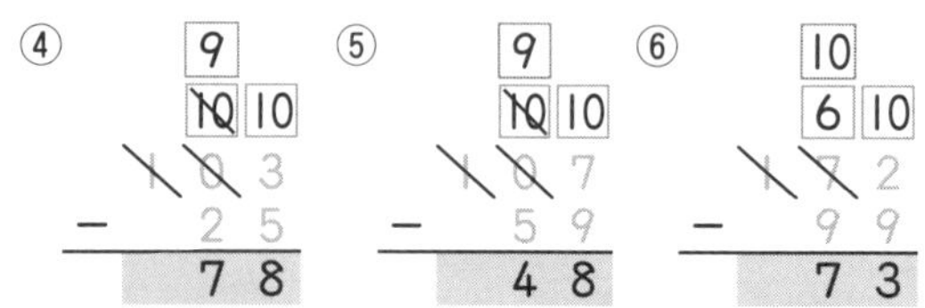

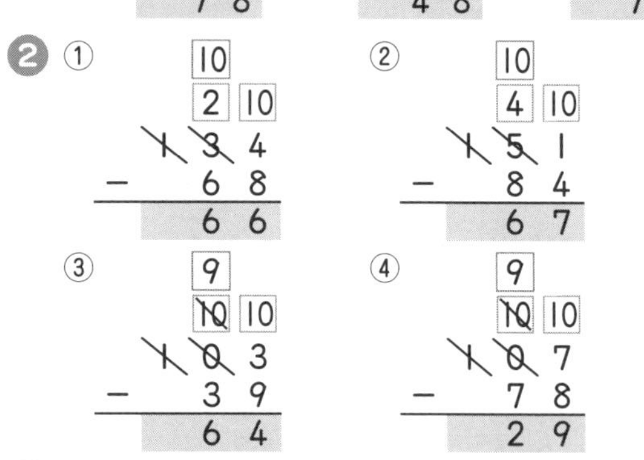

❸

$$\begin{array}{r} 110 \\ -\ 34 \\ \hline 76 \end{array}$$

（しき）110−34＝76
（答え）76まい

50・51ページ

24 3つの 数の 計算①

❶ ①7・5 ②8・3 ③10・6 ④10・2
❷ ①4 ②5 ③2 ④9 ⑤3 ⑥5
❸ ①（しき）3+6−7＝2　（答え）2本
②（しき）8+2−5＝5　（答え）5人
❹ ①2 ②6 ③4 ④3 ⑤4 ⑥4

52・53ページ

25 3つの 数の 計算②

❶ ①3・5 ②8・9 ③10・14 ④10・17
❷ ①7 ②8 ③10 ④18 ⑤14 ⑥19
❸ ①（しき）10−6+5＝9　（答え）9まい
②（しき）17−7+9＝19　（答え）19まい
❹ スタート 6−2+2＝6 −1+3＝8 −4+6＝10 −4+10＝16 −6+2＝12 −2+8＝18 −8+9＝19 −9+10＝20 ゴール

54・55ページ

26 何番目・ぜんぶで 何人

❶ ①（しき）5+4＝9　（答え）9ひき
②（しき）3+1+6＝10　（答え）10ぴき
③（しき）10+5−1＝14　（答え）14ひき

❷ ① ○○○○○ ○○○○
（しき）5+1+4＝10
（答え）10ぴき

② ○○○○○○○ ○○○○○○○○
（しき）8+9−1＝16
（答え）16ぴき

③ ○○○○○ ○○○○○○○○○○
（しき）5+2+10＝17
（答え）17ひき

56・57ページ

27 1・2・3の だん

❶ ①1 ②3 ③9 ④4 ⑤8
⑥12 ⑦16 ⑧6 ⑨21 ⑩27
❷ ①8 ②5 ③3 ④6
❸ ①

②

❹ ①（しき）2×3＝6　（答え）6こ
②（しき）3×8＝24　（答え）24まい

58・59ページ

28 4・5・6の だん

❶ ①4 ②16 ③36 ④10 ⑤30
⑥40 ⑦12 ⑧24 ⑨36 ⑩54
❷ ①3 ②3 ③7 ④8
❸ ①（しき）4×5＝20　（答え）20
②（しき）5×6＝30　（答え）30
③（しき）6×3＝18　（答え）18
❹ ①（しき）4×3＝12　（答え）12cm
②（しき）5×3＝15　（答え）15cm

60・61ページ

29 7・8・9の だん

❶ ①14 ②21 ③49 ④16 ⑤24
⑥40 ⑦48 ⑧36 ⑨63 ⑩81
❷ ①4 ②5 ③4 ④8

3 ①8・8・64　②9・6・54

4 ①（しき）9×3=27　（答え）27こ

②（しき）8×7=56　（答え）56まい

62・63ページ

30 1けたと　2けたの　かけ算①

1 ①18・20　②27・30

③63・70　④81・90

2 ①10　②40　③50　④80

3 ①5・10・50　②6・10・60

4 ①（しき）8×10=80　（答え）80まい

②（しき）5×10=50　（答え）50人

64・65ページ

31 1けたと　2けたの　かけ算②

1 ①40・44　②60・12・72

2 ①11　②55　③36　④84

3 ①2・11・22　②5・11・55

4 ①（しき）6×11=66　（答え）66まい

②（しき）8×12=96　（答え）96こ

66・67ページ

32 まとめの　テスト①

1 ①7　②7　③15　④16

⑤19　⑥19　⑦11　⑧12

⑨14　⑩50　⑪30　⑫89

⑬74　⑭99

2 ①(6+14)+3=23　②(23+7)+5=35

③2+(52+8)=62　④(82+8)+6=96

3 ①（しき）6+4=10　（答え）10こ

②（しき）3+4+4=11　（答え）11本

③（しき）（60+40）+45=145

（答え）145円

68・69ページ

33 まとめの　テスト②

1 ①4　②5　③2　④10　⑤83

⑥92　⑦6　⑧4　⑨6　⑩8

⑪9　⑫20　⑬60　⑭50

2 ①3　②10　③8　④5

3 ①（しき）100−60=40　（答え）40円

②（しき）12−7=5　（答え）2年生・5

③（しき）20−5−8=7　（答え）7こ

70・71ページ

34 まとめの　テスト③

1

①
```
   1 2
 + 3 4
 -----
   4 6
```

②
```
  [1]
   2 5
 + 3 6
 -----
   6 1
```

③
```
  [1]
   5 5
 + 7 8
 -----
 1 3 3
```

④
```
  [1]
   9 6
 + 4 7
 -----
 1 4 3
```

2
```
  [1]
   9 8
 + 9 8
 -----
 1 9 6
```
（しき）98+98=196

（答え）196円

3

①
```
  [1][10]
   2  1
 −    9
 -------
   1  2
```

②
```
  [3][10]
   4  3
 − 2  5
 -------
   1  8
```

③
```
  [6][10]
   7  2
 − 5  9
 -------
   1  3
```

④
```
      10
      6 [10]
   1  7  3
 −    8  4
 ----------
      8  9
```

4
```
      9
     10 [10]
   1  0  1
 −    5  4
 ----------
      4  7
```
（しき）101−54=47

（答え）47まい

72・73ページ

35 まとめの　テスト④

1 ①

○○○　○○○○○○○

（しき）3+1+7=11

（答え）11ぴき

②

○○○○○　○○○○○○○

（しき）6+7−1=12

（答え）12ひき

2 ①12　②24　③12　④35　⑤36

⑥63　⑦40　⑧81　⑨80　⑩60

3 ①（しき）4×4=16　（答え）16まい

②（しき）4×12=48　（答え）48本

すみっコぐらし 小学1・2年のけいさん総復習ドリル

監　修　卯月啓子
編集人　青木英衣子
発行人　殿塚郁夫
発行所　株式会社主婦と生活社
〒104-8357 東京都中央区京橋3－5－7
https://www.shufu.co.jp/
編集部　☎03-3563-5211
販売部　☎03-3563-5121
生産部　☎03-3563-5125
印刷・製本　大日本印刷株式会社
製版所　株式会社 二葉企画

ISBN978-4-391-16192-2

装丁● bright right
編集協力● 株式会社 日本レキシコ
本文デザイン● ニシエ芸株式会社（山田マリア）
監修● サンエックス株式会社（清嶋光・長倉敦子）

株式会社 主婦と生活社
編集● 藤井亜希子